物理学
对生命源蛋白质的
融合发展及应用

梁俊毅 著

上海交通大学出版社
SHANGHAI JIAO TONG UNIVERSITY PRESS

内容提要

本书首先概括地讲述了生命源蛋白质的构成、分类、结构、性质、生理功能和应用。在此基础上,建立了人类调控寿命的重要基因 SIR2 家族蛋白三级结构模型,并对其进行了严格表达,进一步对诺贝尔奖获奖者发现的绿色荧光蛋白在基于物理学原理的基础上进行了生物传感器的研发和变异体性质改进的研究。书中详细地阐述了 SIR2 基因家族和荧光蛋白这两种典型蛋白质的结构建模和传感器构建原理。

本书主要供医学、生物学、生物物理及计算机技术人员和科研人员,以及高等院校的本科生及研究生等使用。

图书在版编目(CIP)数据

物理学对生命源蛋白质的融合发展及应用/梁俊毅
著.—上海:上海交通大学出版社,2023.3
ISBN 978-7-313-27374-1

Ⅰ.①物… Ⅱ.①梁… Ⅲ.①物理学-应用-蛋白质
-结构模型-研究 Ⅳ.①Q51

中国版本图书馆 CIP 数据核字(2022)第 166439 号

物理学对生命源蛋白质的融合发展及应用
WULIXUE DUI SHENGMINGYUAN DANBAIZHI DE RONGHE FAZHAN JI YINGYONG

著　　者:梁俊毅
出版发行:上海交通大学出版社　　　地　　址:上海市番禺路 951 号
邮政编码:200030　　　　　　　　　电　　话:021-64071208
印　　制:上海锦佳印刷有限公司　　　经　　销:全国新华书店
开　　本:710mm×1000mm　1/16　　印　　张:9.75
字　　数:142 千字
版　　次:2023 年 3 月第 1 版　　　　印　　次:2023 年 3 月第 1 次印刷
书　　号:ISBN 978-7-313-27374-1
定　　价:48.00 元

前　　言

　　生命科学中的中心法则阐明了脱氧核糖核酸（deoxyribonucleic acid，DNA）转录形成核糖核酸（ribonucleic acid，RNA）原理。RNA 可再翻译成形成蛋白质。蛋白质是生物体内的一种重要的大分子，同时也是生物体内各种功能的重要的执行者，其结构与功能是当前生命科学中的一个重要研究内容。蛋白质如不能正确地表达或执行被赋予的功能，则会导致众多的人类疾病。由于蛋白质的功能往往是由其空间结构所决定的，而实验中获得足够量的蛋白质表达样品则是研究蛋白质结构与功能的重要一步。

　　SIR2 基因家族是从古细菌到高等真核生物都非常保守的一类调控寿命的重要基因。该基因家族不仅能从遗传角度影响寿命，还能从限制热量的代谢角度调节细胞寿命的关键基因，因此对 SIR2 基因家族的深入研究具有十分重要的意义。

　　荧光蛋白的发现可以说是革新了生物学研究。运用荧光蛋白可以观测到细胞的活动，可以标记、表达蛋白，可以进行深入的蛋白质组学实验，等等。特别是在研究癌症的过程中，荧光蛋白的出现使得科学家们能够观测到肿瘤细胞的具体活动，比如肿瘤细胞的成长、入侵、转移和新生。

　　荧光蛋白可以稳定转染肿瘤细胞，用不同颜色的荧光蛋白标记肿瘤细胞，能方便地研究细胞质-细胞核动力学。荧光蛋白可用于"分子成像"，比如可以用来描述癌症转移或药物灵敏性，故未来可以将其用于人类癌症诊断和治疗。

　　本书分为两大部分（两大篇），第一篇基于物理原理构建 SIR2 蛋白质三级结构模型并对其进行蛋白表达。研究了不同温度梯度和浓度梯度下的

SIR2 蛋白质的表达,可以得到优化的 SIR2 蛋白质表达诱导条件,为进一步研究 SIR2 蛋白的空间动力学结构及其空间的蛋白质的相互作用和调节提供了分子依据。将 MATLAB 程序与 SWISS MODE 程序结合起来,利用生物物理方法解决模板分子动力学结构中的局部势垒问题,对人类 SIR2 家族中三级结构未知的蛋白质进行建模及预测分析,为蛋白质三级结构预测提供了新的建模及预测思路。

第二篇基于物理原理研发构建了基于绿色荧光蛋白(GFP)能够对体内一价铜离子进行探测的生物传感器。该传感器蛋白能够在较低亚铜离子浓度下(<1 mmol)就有荧光响应,荧光强度的变化率在 50% 以上,克服了锌离子的干扰,并得到了有益的生物学信息,开创出在 GFP 突变体黄色荧光蛋白(YFP)的 loop 区域插入外源短肽的技术,有效降低了 YFP 对氯离子和 pH 过分的敏感性,克服了 YFP 在重要应用(例如 FRET 传感器)中存在的缺陷。研究中发现的新型 YFP 会在一系列的成像研究中有着更好的应用(比如荧光共振能量转移)。书中贯穿了本研究基于物理学原理研究蛋白质物理性和化学性及生理功能的过程。

目　录

第 *1* 篇

SIR2 蛋白的表达及建模分析

第 **2** 篇

绿色荧光蛋白传感器的研制和变异质研究

第　篇

SIR2 蛋白的表达及建模分析

第 1 章

绪　　论

1.1　蛋白质的构成及作用

蛋白质是组成人体一切细胞、组织的重要成分,机体所有重要的组成部分都需要有蛋白质的参与;没有蛋白质,就没有生命。

蛋白质主要由碳(C)、氢(H)、氧(O)、氮(N)组成,还含有磷(P)、硫(S)、铁(Fe)、锌(Zn)、铜(Cu)、硼(B)、锰(Mn)、碘(I)、钼(Mo)等。这些元素在蛋白质中的组成百分比约为:碳50%、氢7%、氧23%、氮16%、硫0%~3%以及其他微量元素。一切蛋白质都含氮元素,且各种蛋白质的含氮量很接近,平均为16%;任何生物样品中每1 g氮的存在,就表示大约有6.25 g蛋白质的存在。6.25常称为蛋白质常数。

蛋白质是生命的物质基础,是有机大分子,是构成细胞的基本有机物,是生命活动的主要承担者。氨基酸是蛋白质的基本组成单位,它是与生命及各种形式的生命活动紧密联系在一起的物质。机体中的每一个细胞和所有重要组成部分都有蛋白质参与。人体内蛋白质的种类很多,性质、功能各异,但都是由20种氨基酸按不同比例组合而成的,并在体内不断进行代谢与更新。

氨基酸是羧酸碳原子上的氢原子被氨基取代后的化合物。氨基酸分子中含有氨基和羧基两种官能团。与羟基酸类似,氨基酸可按照氨基连在碳链上的不同位置而分为 α-、β-、γ-、…、w-氨基酸,但经蛋白质水解后得到的氨基酸都是 α-氨基酸。氨基连在 α-碳上的为 α-氨基酸,组成蛋白质的氨基酸大部分为 α-氨基酸。氨基酸是构成动物营养所需蛋白质的基本物质,是含有碱性氨基和酸性羧基的有机化合物。

氨基酸在人体内通过代谢可以发挥的作用有:①合成组织蛋白质;②变成酸、激素、抗体、肌酸等含氮物质;③转变为碳水化合物和脂肪;④氧化成二氧化碳和水及尿素,产生能量。蛋白质是建造和修复身体的重要原料,人体的发育以及受损细胞的修复和更新,都离不开蛋白质。蛋白质也能被分解成为人体的生命活动提供能量。

1.2 蛋白质的结构

蛋白质结构如图 1-1 所示,蛋白质结构是指蛋白质分子的空间结构。蛋白质主要由碳、氢、氧、氮等化学元素组成,是一类重要的生物大分子,所有蛋白质都是由 20 种不同氨基酸连接形成的多聚体,在形成蛋白质后,这些氨基酸又被称为残基。

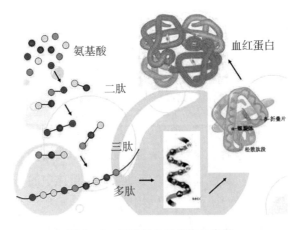

图 1-1 二级蛋白质结构示意图

蛋白质和多肽之间的界限并不是很清晰的,有人基于发挥功能性作用的结构域所需的残基数认为,若残基数少于 40,就称之为多肽或肽。要发挥生物学功能,蛋白质需要正确折叠为一个特定构型,主要是通过大量的非共价键相互作用(如氢键、离子键、范德华力和疏水作用)来实现。此外,在一些蛋白质(特别是分泌性蛋白质)折叠中,二硫键也起到关键作用。为了从分子水平上了解蛋白质的作用机制,常常需要测定蛋白质的三维结构,结构生物学由此发展起来了。

一定数量的残基对于发挥某一生物化学功能是必要的;40~50 个残基通常是一个功能性结构域大小的下限,蛋白质大小的范围可以从这样一个下限一直到数千个残基。估计的蛋白质的平均长度在不同的物种中有所区别,一般约为200~380 个残基,而真核生物的蛋白质平均长度比原核生物的蛋白质长约55%。更大的蛋白质聚合体可以通过许多蛋白质亚基形成,如由数千个肌动蛋白分子聚合形成蛋白纤维。

蛋白质的基本组成单位是氨基酸,氨基酸的结构通式如图 1 - 2 所示。各种氨基酸的区别在于 R 基的不同。

蛋白质中一定含有碳、氢、氧、氮元素,也可能含有硫、磷等元素。

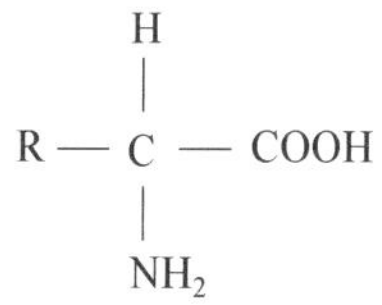

图 1 - 2 氨基酸的结构通式

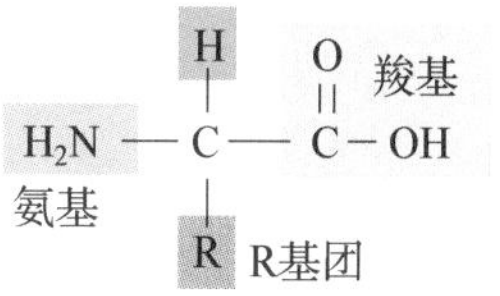

图 1 - 3 α - 氨基酸的结构通式

蛋白质是由 α - 氨基酸按一定顺序结合形成的一条多肽链,再由一条或一条以上的多肽链按照其特定方式结合而成的高分子化合物。蛋白质就是构成人体组织器官的支架和主要物质,在人体生命活动中,起着重要作用,所以说没有蛋白质就没有生命活动的存在。α - 氨基酸的结构通式如图 1 - 3 所示。

蛋白质是一种复杂的有机化合物,旧称"朊(ruǎn)"。氨基酸是组成蛋白质的基本单位,氨基酸通过脱水缩合连成肽链。蛋白质是由一条或多条多肽链组成的生物大分子,每一条多肽链有二十至数百个氨基酸残基(- R),各种氨基酸残基按一定的顺序排列。蛋白质的氨基酸序列是由对应基因所编码。在蛋白质中,除了遗传密码所编码的 20 种基本氨基酸外,某些氨基酸残基还可以被翻译后修饰而发生化学结构的变化,从而对蛋白质进行激活或调控。多个蛋白质往往是通过结合在一起形成稳定的蛋白质复合物,经折叠或螺旋构成一定的空间结构,从而发挥某一特定功能。合成多肽的细胞器是细胞质中糙面型内质网上的核糖体。蛋白质的不同在于其氨基酸的种类、数目、排列顺序和肽链空间结构的不同。

蛋白质是以氨基酸为基本单位构成的生物高分子。蛋白质分子上氨基酸的序列和由此形成的立体结构构成了蛋白质结构的多样性。蛋白质具有一级、二级、超二级结构、三级、四级结构,蛋白质分子的结构决定了它的功能。

一级结构:为多肽链上全部氨基酸的排列顺序,主要以肽键相连,有些还有二硫键,每种蛋白质都有独立而确切的氨基酸序列。蛋白质的一级结构是最基本的结构,它决定着蛋白质的高级结构。

二级结构:指多肽链局部通过氢键进一步盘旋、折叠形成有规则的重复构象,即肽链主链骨架原子的相对空间构象,不涉及氨基酸残基 R 基团的构象。蛋白质分子中肽链并非直链状,而是按一定的规律卷曲(如 α-螺旋结构)或折叠(如 β-折叠、转角、凸起、卷曲结构)形成特定的空间结构,这是蛋白质的二级结构。

超二级结构:相邻的若干个二级结构单位组合在一起,形成的有规则的在空间上能辨认的二级结构组合体,常见的有卷曲螺旋(α 角蛋白)、β 发夹环、βαβ、四螺旋束和 EF 手相结构(环结合钙离子)。

三级结构:在二级、超二级结构的基础上形成的三级结构的局部折叠区,是一个相对独立的紧密球状实体,结构内部有一个疏水核心,包括一至多个模体,即形成结构域。在结构域的基础上,主链构象和侧链构象相互作用,进一步盘旋、折叠形成球状分子结构并进一步形成更复杂的三级结构。肌红蛋白、血红蛋白等正是通过这种结构使其表面的空穴恰好容纳一个血红素分子。整条肽链中全部氨基酸残基的相对空间位置维系着球状蛋白质三级结构,其作用力有疏水键、氢键、离子键(盐键)、范德华力,这些作用力(化学键)统称为次级键。此外,二硫键在稳定某些蛋白质的空间结构上也起着重要作用。

四级结构:由两条及以上具有三级结构的多肽链通过非共价键聚合而成,具有特定的三维结构的蛋白质构象,每条多肽链称为一个亚基。即具有三级结构的多肽链按一定空间排列方式结合在一起形成的聚集体结构称为蛋白质的四级结构,如血红蛋白由 4 个具有三级结构的多肽链构成,其中两个是 α-链,另两个是 β-链,其四级结构近似椭球形状。

1.3　蛋白质的性质

1.3.1　两性特征

蛋白质是由 α-氨基酸通过肽键构成的高分子化合物,在蛋白质分子中存在着氨基和羧基,因此跟氨基酸相似,蛋白质也是两性物质。

1.3.2　水解反应

蛋白质在酸、碱或酶的作用下发生水解反应,经过多肽,最后得到多种 α-氨基酸。蛋白质水解时,如能找准结构中键的“断裂点”,水解时肽键才会部分或全部断裂。

1.3.3　胶体性质

有些蛋白质能够溶解在水里(例如鸡蛋白能溶解在水里)形成溶液。蛋白质的分子直径达到了胶体微粒的大小($10^{-9} \sim 10^{-7}$ m),所以蛋白质具有胶体的性质。

1.3.4　沉淀性

加入高浓度的中性盐、有机溶剂、重金属、生物碱或酸类、少量的盐(如硫酸铵、硫酸钠等)能促进蛋白质的溶解。如果向蛋白质水溶液中加入浓的无机盐溶液,可使蛋白质的溶解度降低,从而使之从溶液中析出,这种作用叫作盐析。这样析出的蛋白质仍旧可以溶解在水中,而不影响原来蛋白质的性质,因此盐析是个可逆过程,利用这个性质,采用分段盐析的方法可以分离提纯蛋白质。

1.3.5 可变性

蛋白质分子在受到外界的一些物理和化学因素（光照，热，有机溶剂以及变性剂）的作用后，分子的肽链虽不裂解，但其天然的立体结构招致改变和破坏，从而导致蛋白质生物活性的丧失和其他的物理、化学性质的变化，这一现象称为蛋白质的变性。

蛋白质的变性常伴随有下列现象：①生物活性的丧失。这是蛋白质变性的最主要特征。②化学性质的改变。③物理性质的改变。在变性因素去除以后，变性的蛋白质分子又可重新恢复到变性前天然构象，这一现象称为蛋白质的复性。蛋白质的复性有完全复性、基本复性或部分复性三种。只有少数蛋白质在严重变性以后，能够完全复性。蛋白质变性和复性的研究，可以肯定了蛋白质折叠的自发性，证实了蛋白质分子的特征三维结构仅仅决定于它的氨基酸序列，对了解体内体外的蛋白质分子的折叠过程十分重要。活性蛋白质分子在生物体内刚合成时，常常不呈现活性，即不具有这一蛋白质的特定的生物功能。要使蛋白质呈现其生物活性，一个非常普遍的现象是，蛋白质分子的肽链在某些生化过程中必须按特定的方式断裂。蛋白质的激活是生物的一种调控方式，这类现象在各种重要的生命活动中广泛存在。

很多蛋白质由亚基组成，这类蛋白质在完成其生物功能时，在效率和反应速度的调节方面，很大程度上依赖于亚基之间的相互关系。亚基参与蛋白质功能的调节是一个相当普遍的现象，特别在调节酶的催化功能方面。有些酶存在和活性部位不重叠的别构部位，别构部位和别构配体相结合后，引起酶分子立体结构的变化，从而导致活性部位立体结构的改变，这种改变可能增进、也可能钝化酶的催化能力。这样的酶称为别构酶。已知的别构酶在结构上都有两个或两个以上的亚基。

在热、酸、碱、重金属盐、紫外线等作用下，蛋白质会发生性质上的改变而凝结起来。这种凝结是不可逆的，不能再使它们恢复成原来的蛋白质。蛋白质的这种变化称为变性，蛋白质变性之后，紫外吸收、化学活性以及黏度都会上升，变得容易水解，但溶解度会下降。蛋白质变性后，就失去了原有的可溶性,也就失去了它们生理上的作用。因此,蛋白质的变性凝固是个不可逆过程。

造成蛋白质变性的原因主要有:

物理因素:加热、加压、搅拌、振荡、紫外线照射、X 射线照射、超声波放射等。

化学因素:强酸、强碱、重金属盐、三氯乙酸、乙醇、丙酮等。含有苯丙氨酸、酪氨酸和色氨酸残基的蛋白质与浓硝酸作用后呈现黄色,称为蛋白黄反应。

1.3.6　折叠性

折叠是蛋白质的一个重要性质。蛋白质折叠机理的研究,对保留蛋白质活性,维持蛋白质稳定性和包涵体蛋白质折叠复性都具有重要的意义。Anfinsen 通过对核糖核酸酶 A 的经典研究表明,去折叠的蛋白质在体外可以自发地进行再折叠,仅仅是序列本身已经包括了蛋白质正确折叠的所有信息,并提出了蛋白质折叠的热力学假说,为此,Anfinsen 获得了 1972 年诺贝尔化学奖。这一理论有两个关键点:①蛋白质的状态处于去折叠和天然构象的平衡中;②天然构象的蛋白质处于热力学最低的能量状态。尽管蛋白质的氨基酸序列在蛋白质的正确折叠中起着核心的作用,但各种各样的因素,包括信号序列、辅助因子、分子伴侣、环境条件,均会影响蛋白质的折叠。新生蛋白质的折叠并组装成有功能的蛋白质,并非都是自发的,在多数情况下是需要其他蛋白质帮助的。已经鉴定了许多参与蛋白质折叠的折叠酶和分子伴侣,使蛋白质"自发折叠"的经典概念发生了转变和更新,但这并不与折叠的热力学假说相矛盾,而是从动力学角度完善了热力学观点。在蛋白质的折叠过程中,有许多作用力参与,包括一些构象的空间阻碍、范德华力、氢键的相互作用、疏水效应、离子相互作用、多肽和周围溶剂相互作用产生的熵驱动折叠,但对于蛋白质获得天然结构这一复杂过程的特异性,我们还知之甚少,许多实验和理论的工作都在加深我们对折叠的认识,但是问题仍然没有解决。

在折叠的机制研究上,早期的理论认为,折叠是从变性状态通过中间状态到天然状态的一个逐步的过程，为此科学家对折叠中间体进行了深入研究，认为折叠是在热力学驱动下按单一的途径进行的。后来的研究表明，折叠过程存在实验可测的多种中间体，折叠通过有限的路径进行。新的理论强调在折叠的初始阶段存在多样性，蛋白质通过许多的途径进入折叠漏斗，从而折叠在整体上被描述成一个漏斗样的图像，折叠的动力学过程被认为是部分折叠的蛋白质整体上的进行性装配，并且伴随有自由能和熵的变化，蛋白质最终寻找到自己的正确的折叠结构，这一理论称为能量图景。

结构同源的蛋白质可以通过不同的折叠途径形成相似的天然构象，人酸性成纤维生长因子（hFGF-1）和蝾螈酸性成纤维生长因子（nFGF-1），氨基酸序列具有约 80% 的同源性，并且具有结构同源性（12 个 β-折叠反向平行排列形成 β 折叠桶）。在盐酸胍诱导去折叠的过程中，hFGF-1 可以监测到具有熔球体样的折叠中间体，而 nFGF-1 经由两态（天然状态到变性状态）去折叠，没有检测到中间体的存在，折叠的动力学研究也表明两种蛋白采用不同的折叠机制。对于同一蛋白质来说，采用的渗透压调节剂不同，蛋白质折叠的途径也不相同，说明不同的渗透压调节剂对蛋白质的稳定效应不同。这都说明折叠机制的复杂性。蛋白质折叠如图 1-4 所示。

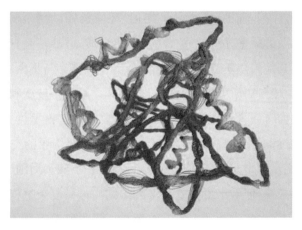

图 1-4　蛋白质折叠示意图

1.3.7　结构的作用力

蛋白质各级结构都具有结构的稳定作用力,一级结构的作用力为肽键、二硫键、共价键;二级结构的作用力为氢键(主要作用力);超二级结构作用力为疏水相互作用、结构域范德华力(引力与斥力);三级结构的作用力为离子键;四级结构的作用力为配位键。

1.4　蛋白质的生理功能

蛋白质在机体内扮演一系列重要的角色——包括构建细胞、响应外部刺激、加速化学反应,以及在距离很远的组织之间传递信号等。

1.4.1　构造人体

蛋白质构造了人的身体。它是一切生命的物质基础,是机体细胞的重要组成部分,是人体组织更新和修补的主要原料。人体的每个组织,包括毛发、皮肤、肌肉、骨骼、内脏、大脑、血液、神经、内分泌等都是由蛋白质组成的。蛋白质对人的生长发育非常重要。

比如大脑发育的特点是一次性完成细胞增殖,人的大脑细胞的增长有两个高峰期,第一个是胎儿三个月的时候;第二个是出生后到一岁,特别是0~6个月的婴儿是大脑细胞猛烈增长的时期,到一岁大脑细胞增殖基本完成,其数量已达成人的 9/10,所以 0 到 1 岁儿童对蛋白质的摄入要求很有特色,对儿童的智力发展尤为重要。

人的身体由百兆亿个细胞组成,细胞可以说是生命的最小单位,它们处于永不停息的衰老、死亡、新生的新陈代谢过程中。例如,年轻人的表皮 28 天更新一次,而胃黏膜两三天就要全部更新。所以一个人如果蛋白质的摄入、吸收、利用都很好,那么皮肤就是光泽而又有弹性的。反之,人则经常处于亚健康状态。组织受损后,包括外伤,不能得到及时和高质量的修补,便会加速肌体衰退。

胶原蛋白占身体蛋白质的 1/3,生成结缔组织,构成身体骨架,如骨骼、血管、韧带等,决定了皮肤的弹性,保护了大脑(在大脑脑细胞中,很大一部分是胶原细胞,并且形成血脑屏障保护大脑)。而人体骨、结缔组织以及具有覆盖保护功能的毛发、皮肤、指甲等组织主要由胶原、角蛋白、弹性蛋白等组成。

人体内的一些生理活性物质如胺类、神经递质、多肽类激素、抗体、酶、核蛋白以及细胞膜、血液中起"载体"作用的蛋白都离不开蛋白质,它对调节生理功能,维持新陈代谢起着极其重要的作用。人体运动系统中肌肉的成分以及肌肉在收缩、做功、完成动作过程中的代谢无不与蛋白质有关,离开了蛋白质,体育锻炼就无从谈起。

1.4.2 新陈代谢

蛋白质的一个重要作用是维持肌体正常的新陈代谢和各类物质在体内的输送。蛋白对维持人体的正常生命活动是至关重要的。在生命活动过程中,许多小分子及离子的运输是由各种专一的蛋白质来完成的,例如在血液中血浆白蛋白运送小分子、红细胞中的血红蛋白运送氧气和二氧化碳等。脂蛋白负责输送脂肪、细胞膜上的受体还有转运蛋白等。

1.4.3 运动功能

从最低等的细菌鞭毛运动到高等动物的肌肉收缩都是通过蛋白质实现的。肌肉的松弛与收缩主要是由以肌球蛋白为主要成分的粗丝以及以肌动蛋白为主要成分的细丝相互滑动来完成的。生命活动的能量来自蛋白质。

1.4.4 维持平衡

维持机体内的渗透压的平衡需要白蛋白;维持体液的酸碱平衡也需要它;构成神经递质乙酰胆碱、五羟色氨等和维持神经系统的正常功能包括味觉、视觉和记忆等都需要它。

1.4.5 调节功能

在维持生物体正常的生命活动中,在代谢机能的调节、生长发育和分化的控制、生殖机能的调节以及物种的延续等各种过程中,多肽和蛋白质激素起着极为重要的作用。此外,尚有接受和传递调节信息的蛋白质,如各种激素的受体蛋白等。

1.4.6 免疫和防御

生物体为了维持自身的生存,采用多种类型的防御手段,其中包括利用蛋白质的人体免疫和防御功能,因而蛋白质成为其防御的主力军。其表现为白细胞、淋巴细胞、巨噬细胞、抗体(免疫球蛋白)、补体、干扰素等,七天更新一次。当蛋白质充足时,这个部队就很强,在需要时,数小时内可以增加100倍。抗体即是一类高度专一的蛋白质,它能识别和结合侵入生物体的外来物质,如异体蛋白质、病毒和细菌等,取消其有害作用。

1.4.7 构造酶

酶是由生物活细胞产生的、对作用底物具有高度特异性和高度催化效能的蛋白质或者核糖核酸(RNA)。酶的化学本质是蛋白质或者 RNA,具有生物分子的一级、二级、超二级、三级,乃至四级结构,构成人体必需的催化和调节功能。我们身体有数千种酶,每一种只能参与一种生化反应。人体细胞里每分钟要进行一百多次生化反应。酶有促进食物的消化、吸收、利用的作用。相应的酶充足,反应就会顺利、快捷地进行,我们就会精力充沛,不易生病。否则,反应就变慢或者被阻断。生物体新陈代谢的全部化学反应都是由酶催化来完成的。

1.5 蛋白质的分类

蛋白质是由氨基酸所构成的,常见的氨基酸有20种,它们可以以任意的顺序排列组合成为一条蛋白多肽链。这20种氨基酸按照它们的理化性质,可以大致分为三类。

(1)疏水氨基酸:包括异亮氨酸、亮氨酸、蛋氨酸、苯丙氨酸、脯氨酸、缬氨酸和丙氨酸。它们的特点就是排斥与水分子的相互作用,而倾向于彼此间或者与其他非极性原子相互作用，所以，在蛋白质分子中，这部分残基一般都堆积在内部形成疏水内核，能够起到稳定蛋白质三维结构的作用，也是蛋白质折叠的根本动力。

（2）极性氨基酸：包括天冬酰胺、半胱氨酸、谷氨酰胺、组氨酸、丝氨酸、苏氨酸、色氨酸和酪氨酸。这些氨基酸的侧链都含有极性基团，可以是氢键的给体和供体，并有不同程度的化学反应。当蛋白质空间结构中靠近的两个 Cys 处于氧化环境中时，常常可以形成硫键。

（3）第三类氨基酸包括精氨酸、天冬氨酸、谷氨酸和赖氨酸，它们的侧链在生理条件下都可以解离，使其带上负电荷或正电荷。天冬氨酸和谷氨酸是酸性残基，其侧链羧基的 PK 值分别为 3.9 和 4.3，所以在生理条件下离解为电负性基团；它们也可以整合金属离子。

1.5.1　根据蛋白质中的氨基酸组成分类

根据蛋白质中的氨基酸组成，蛋白质可分为完全蛋白质、半完全蛋白质和不完全蛋白质三类。

完全蛋白质。这是一类优质蛋白质。它们所含的必需氨基酸种类齐全，数量充足，彼此比例适当。这一类蛋白质不但可以维持人体健康，还可以促进生长发育。

半完全蛋白质。这类蛋白质所含氨基酸虽然种类齐全，但其中某些氨基酸的数量不能满足人体的需要。它们可以维持生命，但不能促进生长发育。

不完全蛋白质。这类蛋白质不能提供人体所需的全部必需氨基酸，单纯靠它们既不能促进生长发育，也不能维持生命。

1.5.2　蛋白质分子的分类及功能

根据蛋白质分子的外形分类，蛋白质分子可分为球状蛋白质、纤维状蛋白质和膜蛋白质三类。

球状蛋白质分子形状接近球形，水溶性较好，种类很多，可行使多种多样的生物学功能。

纤维状蛋白质分子外形呈棒状或纤维状,大多数不溶于水,是生物体重要的结构成分,或对生物体起保护作用。

膜蛋白质一般折叠成近球形,插入生物膜,也有一些通过非共价键或共价键结合在生物膜的表面。生物膜的多数功能是通过膜蛋白实现的。

1.5.3　根据蛋白质组分分类

根据蛋白质组分分类,蛋白质可分为单纯蛋白质和缀合蛋白质。有些蛋白质分子仅由氨基酸残基组成,不含其他化学成分,这些蛋白质称为单纯蛋白质。而有些蛋白质分子是由氨基酸残基和其他化学成分组成的,这种类型的蛋白质称为缀合蛋白质。

1.5.4　根据蛋白质功能分类

根据蛋白质功能分类,蛋白质可分为活性蛋白质和非活性蛋白质。活性蛋白质是指在生命过程中一切有活性的蛋白质,如酶、激素蛋白质等。非活性蛋白质是指对生物体起保护作用或支持作用的蛋白质,如胶原蛋白、角蛋白等。

1.5.5　根据蛋白质溶解度分类

根据蛋白质溶解度分类,蛋白质可分为白蛋白、球蛋白、谷蛋白、醇溶谷蛋白、硬蛋白、组蛋白、精蛋白等。

1.5.6　蛋白质中结构种类

纤维蛋白:这是一类主要的不溶于水的蛋白质,通常都与含有呈现相同二级结构的多肽链纤维蛋白结合紧密,并为单个细胞或整个生物体提供机械强度,起着保护作用或结构上的作用。

球蛋白:紧凑的,近似球形的,含有折叠紧密的多肽链的一类蛋白质,许多都溶于水。典型的球蛋白含有特异的能识别其他化合物的凹陷或裂隙部位。

角蛋白:由处于 α-螺旋或 β-折叠构象的平行的多肽链组成不溶于水

的、起着保护作用或结构作用的蛋白质。

胶原蛋白:是动物结缔组织最丰富的一种蛋白质,它是由原胶原蛋白分子组成。原胶原蛋白是一种具有右手超螺旋结构的蛋白。每个原胶原分子都是由 3 条特殊的左手螺旋(螺距 0.95 nm,每一圈含有 3.3 个残基)的多肽链右手旋转形成的。

伴娘蛋白:是与一种新合成的多肽链形成复合物并协助它正确折叠成具有生物功能构向的蛋白质。伴娘蛋白可以防止不正确折叠中间体的形成和没有组装的蛋白亚基的不正确聚集,协助多肽链跨膜转运以及多亚基蛋白质的组装和解体。

肌红蛋白:是由一条肽链和一个血红素辅基组成的结合蛋白,是肌肉内储存氧的蛋白质,它的氧饱和曲线为双曲线型。

血红蛋白:是由含有血红素辅基的 4 个亚基组成的结合蛋白。血红蛋白负责将氧由肺运输到外周组织,它的氧饱和曲线为 S 型。

1.6 蛋白质研究与诺贝尔奖

蛋白质在生命活动中起着超乎寻常的作用,对蛋白质结构与功能的研究可以揭示不同蛋白质的特定生物学活性,因此蛋白质研究一直都是研究的热点。蛋白质和人的生命息息相关,研究它,就能让人类更好地向前发展,近十几年的诺贝尔化学奖获得者的主角中有相当多的专家与蛋白质的研究紧密相关。以下列出部分由于研究蛋白质而获得诺贝尔奖的科学家及其突出的贡献。

1946 年,美国化学家塞姆纳、诺斯罗普、斯坦利分离提纯多种酶和病毒蛋白质,并证明酶的生物活性,由此获诺贝尔奖;1959 年,佩鲁茨和肯德鲁对血红蛋白和肌血蛋白进行结构分析,解决了三维空间结构,获 1962 年诺贝尔化学奖;鲍林发现了蛋白质的基本结构。克里克、沃森在 X 射线衍射资料的基础上,提出了 DNA 三维结构的模型,获 1962 年诺贝尔生理或医学奖。

1972 年,美国化学家安芬森、斯坦、穆尔确定了蛋白质的一级结构,以及对核糖核酸酶的活性区位进行了研究,并获得了重大发现,作出了巨大贡献。同年,英国生理医学家波特美国埃德尔曼,对免疫球蛋白抗体化学结构进行了深入的研究,他们因此获诺贝尔化学奖。1974 年,美国生理医学家克劳德、珀拉德和比利时的德迪夫发现了核糖核酸、蛋白质和溶酶,获诺贝尔化学奖。1982 年,英国化学家克鲁格开发出结晶学的电子衍射法测定核酸蛋白质复合体的立体结构而获诺贝尔奖。

美国化学家豪普特曼和卡尔勒建立了应用 X 射线分析的以直接法测定晶体结构的纯数学理论,在晶体研究中具有划时代的意义,特别在研究大分子生物物质如激素、抗生素、蛋白质及新型药物分子结构方面起了重要作用,他们因此获了 1985 年诺贝尔化学奖。1987 年,日本生理医学家利根川进从基因的角度阐明了产生多样性抗体蛋白质的途径而获诺贝尔奖。1988年,德国化学家戴森霍菲尔德、胡贝尔、米歇尔第一次阐明了由膜束的蛋白质形成的全部细节以及光合反应中心的三维结构,由此获得诺贝尔奖。

1992 年,英国生理或医学家克雷布斯·费希尔发现和描述了细胞中蛋白质的调控活动机制,由此获诺贝尔奖。1994 年,美国生理医学家吉尔曼、罗德贝尔发现 G 蛋白及其在细胞中传导信息的作用,由此获诺贝尔奖。1997 年,美国生理医学家普鲁西纳发现一种全新的蛋白质致病因子——朊病毒,更新了医学感染的概念,由此获得诺贝尔化学奖。1999 年,美国生理医学家布洛贝尔发现,蛋白质中有决定蛋白质在细胞内转移和定位的内在信号。2000 年,瑞典生理医学家卡尔森,美国格林加德、坎德尔发现神经系统信号传导领域里的蛋白质作用。

2002 年,日本化学家、美国化学家以及瑞典化学家田中根一、芬恩、维特里希用质谱分析的方法,对生物大分子蛋白质进行了确认和结构分析。2003 年诺贝尔化学奖得主彼得·阿格雷(美国)在对细胞膜中的离子通道的研究中,发现了水通道蛋白,因此获得诺贝尔化学奖。2004 年,以色列科学家阿龙·切哈诺沃、阿夫拉姆·赫斯科和美国科学家欧文·罗斯发现泛素调节的蛋白质降解机制,这个研究成果找到了一种蛋白质"死亡"的重要机理。

2006 年,美国科学家罗杰科恩伯格揭示了真核生物体内的细胞如何利用基因内存储的信息生产蛋白质,而揭示这一具有重要医学价值的基础性机理意义非凡,因为人类的多种疾病包括癌症、心脏病等都与这一过程发生紊乱有关。2008 年,美籍华裔科学家钱永健、美国生物学家马丁沙尔菲和日本化学家家下村修等因发现和改造了绿色荧光蛋白(GFP)而获奖。

2012 年,美国医学家罗伯特.J.尼柯威、生物学家布莱恩和克比尔卡在G 蛋白偶联受体上的研究成就而获奖。2018 年诺贝尔化学奖获得者、美国弗朗西斯、阿诺德、乔治史密斯,英国科学家格雷戈里温特尔,他们的贡献是使用进化变化和选择的相同原理开发设计解决人类化学问题的蛋白质,主要为随机突变对酶的定向进化、噬菌体展示法的开发以及噬菌体展示在药物发现中的应用等,以推进蛋白质的进化。

在世间的有机物中,最多样化的就是蛋白质。目前,人类发现的蛋白质数量还在增加,人体本身就含有不同种类的蛋白质,在基因编码上更是多得多。所有和生命相关的事情,都离不开蛋白质。从以上获诺贝尔奖的科学家的贡献可看出,关于蛋白质的重要研究突破,一定是跨越性的。这是一个很有前景的研究领域,包括人体医学、航天生命迹象学等重要科学研究项目都会利用蛋白质进行分析。蛋白质具有免疫功能,人体内的抗体就是蛋白质,它可以帮助人体抵御病毒等抗原的侵染。

蛋白质测试分析技术上的突破可以实现基因研究领域的发展。在人类基因组计划完成后,人类基因组绝大多数基因及其功能,都有待于在蛋白质层面给予解释和阐明。如果人类能够从个体、系统、器官、组织、细胞等层面研究蛋白质机构及其功能,就有可能找到连接基因,发现蛋白质与发育及有关疾病的纽带,真正揭开人体的奥秘。

通过基因工程,研究者可以改变序列并由此改变蛋白质的结构、靶物质、调控敏感性和其他属性,将不同蛋白质的基因序列拼接到一起,从而产生两种蛋白属性的"荒诞"的蛋白质,这种熔补形式成为细胞生物学家改变或探测细胞功能的一个主要工具。另外,蛋白质研究领域的另一个尝试是创造一种具有全新属性或功能的蛋白质,这个领域被称为蛋白质工程。

1) 推动寿命延长

美国研究人员发现了一种名为 SIRT1 的蛋白质,它不仅可以延长老鼠寿命,还能推迟和健康有关的发病年龄。另外,它还改善老鼠的总体健康,降低胆固醇水平,甚至预防糖尿病。研究人员表示,虽然这项研究是在老鼠身上进行的,但它有朝一日最终会应用到人类身上。

由美国国家卫生研究院国家衰老研究所的拉斐尔·德卡布博士率领的科研团队检测了激活 SIRT1 的小分子 SIRT1720 对老鼠健康和寿命产生的影响。德卡布表示:"我们首次验证了人造 SIRT1 活化剂不仅可以延长以标准食物为食的老鼠的寿命,还能改善它们的健康跨度。这说明,我们可能可以研发出减轻和年龄有关的新陈代谢疾病以及慢性疾病负担的分子。"研究还发现,SRT1720 使老鼠的平均寿命延长 8.8%。SRT1720 补充剂还能降低体重和体脂的百分比,改善老鼠一生的肌肉功能和运动协调能力。

科学家发现,SRT1720 补充剂能降低总胆固醇,有助于抵抗心脏病的低密度脂蛋白胆固醇的水平,改善可能帮助预防糖尿病的胰岛素敏感性。SIRT1 和它的姊妹蛋白质 SIRT2 在大量物种的新陈代谢中扮演着重要角色为科学家所知。它们还和 DNA 修复以及基因调节有关,可以帮助预防糖尿病、心脏病和癌症,可以为老鼠在 6 个月大和其他生命阶段提供这种补充剂和标准饮食。

2）对抗癌的推动

当癌细胞快速增生时,需要一种名为 survivin 的蛋白质的帮助。这种蛋白质由凋亡抑制基因 survivin 编码合成在癌细胞中,含量很丰富,但在正常细胞中却几乎不存在。癌细胞与 survivin 蛋白的这种依赖性使得 survivin 自然成为制造新抗癌药物的靶标,但是在怎样对付 survivin 蛋白这个问题上却仍有一些未解之谜。

survivin 蛋白属于一类防止细胞自我破坏(即凋亡)的蛋白质。这类蛋白质主要通过抑制凋亡酶的作用来阻碍其把细胞送上自杀的道路。以前一直没有科学家观察到 survivin 蛋白与凋亡酶之间的相互作用。也有其他迹象表明,survivin 蛋白还扮演着另一个角色——在细胞分裂后帮助把细胞拉开。

生物化学家掌握了 survivin 蛋白的结构"并没有澄清它是怎样防止细胞自杀的疑点"。这些蛋白质配对的事实确实让人惊奇,几乎很难找到不重要的二聚作用区域。两个蛋白质的接触面将是抗癌症药物集中对付的良好靶标。

3）推动人类基因组计划

上述计划包括结构基因组研究和蛋白质组研究等。尽管已有多个物种的基因组被测序，但在这些基因组中通常有一半以上的基因功能是未知的。功能基因组研究中所采用的策略，如基因芯片、基因表达序列分析等随着人类基因组计划的实施和推进，生命科学研究已进入了后基因组时代。在这个时代，生命科学的主要研究对象是功能基因组学，包括基因表达分析，基因表达系列分析等，都是从细胞中的信使核糖核酸（mRNA）的角度来考虑的，其前提是细胞中 mRNA 的水平反映了蛋白质表达的水平。但事实并不完全如此，从脱氧核糖核酸（DNA）、mRNA、蛋白质，存在三个层次的调控，即转录水平调控、翻译水平调控、翻译后水平调控。从 mRNA 角度考虑，实际上仅包括了转录水平调控，并不能全面代表蛋白质的表达水平。更重要的是，蛋白质复杂的翻译后修饰、蛋白质的亚细胞定位或迁移、蛋白质—蛋白质之间相互作用等则几乎无法从 mRNA 水平来判断。毋庸置疑，蛋白质是生理功能的执行者，是生命现象的直接体现者，对蛋白质结构和功能的研究将直接阐明生命在生理或病理条件下的变化机制。蛋白质本身的存在形式和活动规律，如翻译后修饰、蛋白质间相互作用以及蛋白质构象等问题，仍依赖于直接对蛋白质的研究来解决。虽然蛋白质的可变性和多样性等特殊性质导致了蛋白质研究技术远远比核酸技术要复杂和困难得多，但正是这些特性参与和影响着整个生命过程。

4）在结构基因组学中的应用

结构基因组学就是以大规模、高通量测定这些基因的表达产物蛋白质分子的结构为研究目标，以高通量基因克隆技术、蛋白质表达及其纯化、蛋白质结晶、蛋白质结构测定为主要研究内容的基因组学分支。

蛋白质结构测定比基因组测定难度大得多，按照常规的实验步骤，从基因序列到相应的蛋白质结构测定之间还要经过基因表达、蛋白质的提取和纯化、结晶、X 射线衍射分析等步骤。由于蛋白质结构和性质的多样性，这些步骤大多没有固定的规律可循，因而，这种作坊式的高超技巧和丰富经验的研究方法难以适应测定生物蛋白质组中所有蛋白质的要求，因此，需要建立理论分析方法来解决这些问题。现有的预测技术水平,其预测结果的精确度不如 X 射线衍射分析和 NMR 等实验手段所能达到的精确度,但蛋白质结构预测是大规模、低成本和快速获得三维结构的有效途径,例如当目标蛋白质和模板蛋白质的序列相似性超过 30% 时,以结构预测方法建立的蛋白质三维结构模型就可以用于一般性的功能分析。因而,蛋白质预测技术在结构基因组学中得到了广泛的应用。

5) 在药物设计中的应用

从基因组数据到新药物的设计过程分为两个部分:一是选择目标蛋白,二是选择合适的药物。药物分子必须与目标蛋白质分子紧密结合、容易合成且没有毒副作用。传统的药物设计通过筛选大量的天然化合物、已知的底物或配基的类似物以及生物化学研究来确定前导物,较少依赖目标蛋白质的三维结构,因而研发周期长、费用巨大,并且带有或多或少的盲目性。随着蛋白质结构数据的增长和结构预测技术的发展,目标蛋白质分子三维结构的信息对于上述两个过程发挥着越来越大的作用,计算机辅助的药物设计可以缩短研发周期和降低研发成本。

6) 改造设计蛋白质

蛋白质设计的目标是通过计算机辅助算法以生成符合目标蛋白质三维结构的氨基酸序列,经过漫长的进化,自然界已经筛选出了数量众多的蛋白质,但天然蛋白质只有在自然条件下才发挥最佳功能,这使得人们利用这些蛋白质受到了限制,因此需要对蛋白质进行改造使其能适应特定条件和发挥特定的功能。

第2章

酵母 SIR2 蛋白在大肠杆菌中的表达研究

2.1 概述

在众多的表达系统中,大肠杆菌是目前使用最为广泛的表达系统。相比起其他表达系统,大肠杆菌具有快速繁殖,培养基较廉价等特点,而且,遗传特性十分清楚。但是还没有确定的方法,能够使外源蛋白质在大肠杆菌体内有非常高水平的表达,并且仍保持生物活性。

为了得到大量的目的蛋白,编码外源蛋白的 cDNA 会被克隆到一个质粒当中去。这个质粒具有自我复制的功能,通常可以稳定地保持每个细胞有15～60个甚至上百个拷贝。实验室中,这些多拷贝质粒被随机分布,在没有选择压力时质粒会出现一定频率的丢失。另外,如果质粒中的外源基因对大肠杆菌具有毒性或者降低了它的生长速度,那么质粒丢失速度会大大增加。于是质粒被赋予了抗生素的抗性基因,只要在培养基中加入抗生素,就可以清除不含有质粒的大肠杆菌,并且这种选择压力可以把每个大肠杆菌中的质粒拷贝数维持在相对稳定的水平。这种方法的不足在于随着时间的推移,培养基中的抗生素会慢慢降解,选择压力也会消失。而抗生素一般很难在后期加入,这对于大肠杆菌也是一种代谢负担,需要转录、翻译一些额外的基因。

大肠杆菌的乳糖操纵子是应用最广泛的基因调控元件,因此有不少调

控外源基因表达的启动子是乳糖启动子或者它的衍生物。尽管 lac 启动子
和它的衍生物 lacUV5 是比较弱的,很少用来调控需要高水平表达的外源蛋
白,有时需要表达的外源蛋白对宿主细胞具有一定的毒性,需要进行梯度表
达,这时,这两种操纵子就很适合。合成的 tac 和 trc 启动子,它们包含 trp
启动子的－35 区域和 lac 启动子的－10 区域。两个启动子都很强,能够让
外源蛋白质在大肠杆菌体内积累到总蛋白的 15％到 30％。这些由乳糖操纵
子的衍生物,通常都需要 IPTG 来作为诱导物。而 IPTG 的价格较为昂贵,
对于大规模的生产,这是一个不利因素。当培养基中 IPTG 达到一定浓度
时,会对宿主大肠杆菌产生一定毒性。

　　20 世纪 90 年代,由 Novagen 公司推广的 pET 质粒逐渐变得普及起来,
在这个系统中目的基因被置于噬菌体 T7 启动子的调控之下。而配套的表
达菌株 DE3 中编码有 T7 RNA 聚合酶的基因。这个系统会合成大量的
mRNA,且多数时候在宿主体内会积累大量的目的蛋白,这是 pET 质粒应用
越来越广的重要原因,一个强劲的启动子,使目的蛋白得到高效的表达。这
样带来的负面效果是使大量的 mRNA 生成,造成核糖体的损坏甚至细胞的
死亡。而 T7 RNA 聚合酶的泄漏表达会造成质粒的不稳定性。

　　为了避免质粒不稳定,一个另辟蹊径的方法就是将目的基因直接插入
大肠杆菌的染色体中,用转入载体如噬菌体 λ 就能达到这个目的,但是若用
这种方法,目的基因在大肠杆菌体内的量一般不会太高,可在目的基因的转
录单元中加入一个抗生素抗性基因,以此提高培养基中抗生素浓度,这样就
能通过 recA 介导的复制使整个外源基因拷贝数增加 15～40 倍。

　　与启动子序列相接的 DNA 序列很大程度上决定了转录的效率。某些
细菌启动子－35 区的上游元件富含 A,T,增加与 RNA 聚合酶的 α 亚基接
触的机会,就能增加转录。因为很少有上游元件被分离出来,Gourse 等人用
体外筛选的方法来确定能使 rrnB P1 核心启动子效率增加的上游元件,结果
最好的上游元件能分别把 rrnB P1 和 lac 启动子效率提高到 326 倍和 108
倍。而上游元件和－59NNAAA[A/T]T[A/T]TTTTNNAANNN－38(N
指任意的核苷酸)的同源性与下游融合 lac 启动子强度有关。这表明将活跃
的上游元件置于被阻抑的启动子的上游能够增加它们的强度,所以对上游

元件的选择也是蛋白表达的重要参数。

大肠杆菌体内的 mRNA 是非常不稳定的,半衰期通常在 30 s～20 min 之间。降解 mRNA 的酶通常是两种核酸外切酶 RNase Ⅱ 和 PNPase,还有核酸内切酶 RNase E。RNase E 的活性位点主要是位于蛋白质的氨基端,而羧基端则负责聚集一个高效的 RNA 降解体。这个降解体包含 PNPase,RNA 解旋酶 RhIB 和糖分解的烯醇酶。关于依赖于 RNase E 的 mRNA 降解到底是从 5′ 向 3′ 还是相反的方向存在着争议。任一种情况,存在于 5′ 端非翻译区的稳定的二级结构还是存在于 3′ 端的不依赖于 ρ 因子的终止都能增加 mRNA 的稳定性。而 PAP 会随机地给一部分的 mRNA 加上 poly(A) 的尾巴,这也能使这部分 mRNA 更加稳定。由 5′ 非翻译区发夹结构所赋予的稳定性是首先在 ompA mRNA 中发现的。把 ompA 的 5′ 端非翻译区融合到一系列的 mRNA 上,能通过干扰 RNase E 的结合来大大增加转录体的半衰期。5′ 端发夹结构的稳定作用似乎取决于隐藏降解体与 mRNA 的结合位点,来使 mRNA 更加的稳定。

大肠杆菌体内翻译的起始需要一个与 16S rRNA 互补的 SD 序列 5′-UAAGGAGG-3′,然后是一个起始密码子,最常见的起始密码子是 AUG。大约 8% 的起始密码子是 GUG。UUG 和 AUU 是稀有的起始密码子,一般只存在于自调控的基因中,如编码核糖体 S20。SD 序列和起始密码子间的最优距离是 8 个碱基,当它们的距离小于 4 个碱基时或者大于 14 个碱基时,翻译的起始才会受到严重的影响。在原核生物中转录和翻译结合得非常紧密,翻译起始所受到的调控和启动子的调控是相对独立的。这意味着包裹住 SD 序列和起始密码子的稳定的 mRNA 二级结构会干扰核糖体的结合,从而阻碍蛋白质的表达。遇到这种情况,可以用定点突变的方法提高起始区域 A 的数量。另一个影响翻译起始的因素是下游箱(downstream box,DB),位于起始密码子的下游,和 16S rRNA 的 1 469～1 483 碱基互补。DB 有一个共有序列 5′-AUGAAUCACAAAGUG-3′,它们能够增加翻译的效率。在目的基因的 5′ 端引入 DB 的共有序列会改变表达目的蛋白的氨基酸序列,可以采取同义密码子增加同源性,从而提高翻译的起始效率。

在大肠杆菌中大量表达的外源蛋白常常会形成错误折叠,并聚集形成包容体。尽管包容体能大大简化蛋白质纯化的步骤,但是要得到有活性的蛋白质需要体外重新折叠,这一步的成功率目前还不是太高。传统的方法是通过发酵工程,降低培养环境的温度,而现在较为常用的方法则是共同表达一些分子的伴侣,来帮助目的蛋白的正确折叠。

大肠杆菌细胞质中最清楚的分子伴侣是依赖于 ATP 的 DnaK-DnaJ-GrpE 和 GroEL-GroES。DnaK 结合到新生肽链暴露于溶剂中的疏水区域,阻止错误折叠所形成的聚集;DnaJ 能独立地结合折叠成中间态,并激活 DnaK,使它与底物紧密结合。核苷酸交换因子 GrpE 介导的反应,能释放出蛋白多肽,被释放出来的蛋白多肽会折叠成正确的构相,或再次和 DnaK-DnaJ 相互作用,再就是被直接转移给分子伴侣 GroEL-GroES,GroEL 和 DnaK 都能辅助疏水残基。当 GroES 结合到 GroEL 上时,部分折叠的中间态被释放到 GroEL 的内腔中,然后蛋白可以在一个疏水的环境中进行折叠。

现在有不少质粒将编码 DnaK-DnaJ 或 GroEL-GroES 分子伴侣的基因与目的蛋白共同表达,以提高表达出的目的蛋白的活性。这个过程并不包括包涵体的融解,只是改进了新生肽链自身的折叠。需要指出的是,分子伴侣 DnaK-DnaJ 和 GroEL-GroES 并不是总能帮助目的蛋白正确折叠的,其效果很大程度上取决于目的蛋白本身的性质。

基于体外实验和同源性的考虑,其他一些细胞质中的蛋白也被认为是分子伴侣。它们是 ClpB,HtpG 和 IbpA/B,这是一系列的热休克蛋白(HspS)。尽管这些热休克蛋白的失活对于 LB 培养基上大肠杆菌的存活影响并不明显,但它们可以将错误折叠的蛋白质转交给 DnaK-DnaJ-GrpE 来进行二次折叠。

在野生型大肠杆菌体内,二硫键很难形成。trxA,trxC,grxA,grxB 和 grxC 基因编码的蛋白对二硫键有很强的还原作用。然而含有二硫键的外源蛋白能够在缺乏硫氧蛋白还原酶的 trxB 突变菌株中积累。因此,现在实验室中用来进行蛋白质表达的菌株基本上都是 trxB 突变型的。

蛋白的降解能够清除生物体内的错误折叠的蛋白,使氨基酸得到循环利用,某些情况下,这也是体内产生能量的方式。在大肠杆菌的细胞质中,大部分早期的蛋白质降解步骤都是由 5 个依赖于 ATP 的热休克蛋白来完成的。它们是 Lon/La，FtsH/HflB，ClpAP，ClpXP 和 ClpYQ/HslUV。ClpAP 和 ClpXP，都有共同的亚基 ClpP，但有不同的 ATP 酶的调节亚基，分别是 ClpA 和 ClpX。ClpAP 和 ClpXP 通过在蛋白的羧基加上非极性的 AANDENYALAA，使蛋白变得不稳定。

融合蛋白是用来帮助蛋白的纯化，确定蛋白在大肠杆菌体内的位置，或使处于同一代谢途径的酶更好地耦合起来，但不久就发现，一些表达出来处于包涵体中的外源蛋白，在作为融合蛋白表达时，它的溶解性明显地增加了。常用来构建融合蛋白的蛋白质有麦芽糖结合蛋白、硫氧还原蛋白和谷胱甘肽转移酶。有理论阐明，麦芽糖结合蛋白可能会起一个类似于外源蛋白分子内分子伴侣的作用。这一机制要求麦芽糖结合蛋白被首先合成，有研究显示，如果将人蛋白酶 K 融合到麦芽糖结合蛋白的羧基端中，表达的形式是包涵体，只有融合到 N 端时，这个表达才会是可溶的。

在蛋白表达时，人们常常会用 His-tag 标签或 Gst 和目的蛋白融合表达。其原因是 his-tag 所用的层析凝胶在基质上连接了一个 NTA（[＝nitrilotriacetic acid]氨基三乙酸），可以与 Ni 离子结合，而 Ni 离子与融合蛋白的 6Xhis 氨基酸之间产生如图所示的吸引力，从而将带有 his-tag 组氨酸标签的融合蛋白与其他蛋白区分开来。而 GST-tag 纯化的作用力在于谷胱甘肽与谷胱甘肽转移酶之间酶和底物的特异性的作用力。凝胶上的手臂谷胱甘肽可以与 GST-tag 融合蛋白以这样的形式产生作用，从而将带标签的蛋白与其他蛋白分离开来，大大减少了蛋白纯化的时间和难度。

为了分泌到大肠杆菌体外的蛋白需要在氨基端有一段信号肽的序列，这段序列在转运过程中会被细胞膜内膜上的前导肽酶给切割掉。典型的信号肽序列长度是 18 到 30 个氨基酸，在氨基端通常包含 2 个残基，中间的疏水区域有 7 个或更多的氨基酸，还有一个亲水的羧基端，能够被前导肽酶所识别。

外周胞质是一个氧化的环境，其中的一些酶能够催化二硫键的形成，则表达的真核蛋白如能够定位在这里，其效果如同将二硫键异构酶和外源蛋白共同表达。由于在外周胞质中没有 ATP 的存在，不依赖能量的蛋白酶会将错误折叠的蛋白降解掉,这其中最活跃的蛋白酶有 DegP/HtrA 和 Tsp,特异性的识别由 SsrA 标记的分泌蛋白完成。在外周胞质中还存在其他一些蛋白水解酶,会参与分泌蛋白的降解。还有一种好的方法,就是增加大肠杆菌细胞膜的通透性,使定位在外周胞质的目的蛋白分泌到培养基中,这样纯化起来反而简单。

2.2 ## SIR2 家族蛋白的研究进展

SIR2(silent information regulator 2)家族是一组从古细菌到高等真核生物都非常保守的烟酰胺腺苷双核酸依赖的去乙酰化酶(NAD-dependant deacetylase),属于第三类组蛋白去乙酰化酶(HDAC)。在酵母、线虫和果蝇等低等生物中,对 SIR2 基因家族的基因表达变化、热量限制与延长生物寿命关系等研究已经很深入,而在哺乳动物中,关于 SIR2 家族的研究才刚刚起步。哺乳动物的 SIR2 基因家族在进化上与酵母 SIR2 基因高度同源,共有 7 个成员,分别为 SIRT1、SIRT2、SIRT3、SIRT4、SIRT5、SIRT6 与 SIRT7。它们具有共同的核心区域和 N、C 端的高度保守序列。

在所有的 SIR2 家族中,SIRT1 蛋白是研究最多的蛋白质。SIRT1 为核蛋白,参与了众多的新陈代谢活动,调节众多转录因子的活性,如 p53、PML、BCL6、TAF168、CTIP2、HES1、HEY2、Myo－D 等,参与调节 DNA 的修复及抑制细胞凋亡因子 Ku70 等细胞活动。研究表明,SIRT1 可与 p53 相互作用,影响细胞凋亡和氧化应激反应。p53 上有多个乙酰化位点,乙酰化后的 p53 可激活细胞凋亡和细胞周期停滞。而 SIRT1 可使 p53 通过泛素化途径降解,从而抑制了 p53 依赖的细胞凋亡机制。在骨骼肌细胞分化过程中,SIRT1 可与 p300/CBP 相关因子 PCAF 及成肌因子 MyoD 形成复合物,并通过对肌细胞增强因子 MEF2 的乙酰化而使其失活,从而抑制肌细胞的分化。在对 SIRT1 进行抑制后发现,肌细胞在未成熟阶段就出现了分化。在哺乳动物中,SIRT1 蛋白还可以通过去乙酰化直接调控 FOXO(forkhead box class O)家族中的转录因子 FOXO3 和 FOXO4 的活性,从而控制细胞凋亡和增殖来延长细胞寿命。此外,SIRT1 蛋白通过抑制 PPAR - γ 代谢途径降低体内脂质过氧化积累,达到延长哺乳动物寿命的目的。在对小鼠的 SIRT1 基因进行敲除研究后发现,该基因在胚胎发育和肌肉分化上有着重要作用,它的过表达还可以诱导端粒酶逆转录酶(human telomerase reverse transcriptase)的过度表达并对细胞分裂产生影响。

在其他的几个 SIR2 家族蛋白中,SIRT2 是另一个研究较多的蛋白质。研究发现,SIRT2 在细胞质中的表达受细胞分裂周期变化的调控,即 SIRT2 蛋白表达量在有丝分裂期升高,在 G2 到 M 期转化过程中被磷酸化,且 SIRT2 的过量表达可以延长 M 期。SIRT2 具有微管蛋白的脱乙酰基酶活性,它能够与组蛋白去乙酰化酶 6(Histone Deacetylase 6)在体外发生共免疫沉淀,而组蛋白去乙酰化酶 6 是微管蛋白的脱乙酰基酶,能够调节依赖微管蛋白的细胞活动。North 等发现,SIRT2 催化 tublin 和乙酰 CoA 合成酶的去乙酰化,提示其参与细胞内物质运输、吞噬和有丝分裂过程。在少突胶质前体细胞胞质中,SIRT2 还可以将微管蛋白去乙酰化,以阻碍少突胶质细胞分化,并可能避免细胞过度分化和早衰老。

SIRT3 存在于线粒体基质中,过去认为 SIRT3 为线粒体蛋白,但最近研究表明,SIRT3 是细胞应激后由细胞核迁入线粒体的。它的 N 端在成熟过程中在线粒体基质中被水解,且只有当 SIRT3 的信号肽被切除后,才具有组蛋白的脱乙酰基酶活性。此外,SIRT3 还可激活乙酰 CoA 合成酶,并调节机体 ATP 的产生。SIRT4 定位在线粒体上,它通过 ADP 核糖基化(ADP-ribosylation)作用,抑制了谷氨酸脱氢酶的活性,进而促进胰岛素分泌。因此,SIRT4 可能是平衡胰岛素分泌水平的调节因子。SIRT5 具有依赖 NAD+ 的组蛋白脱乙酰基酶活性,该基因的多态性可能与精神分裂症的发生有关。SIRT6 有较强的 ADP 核糖转移酶活性,它可通过碱基切除修复(BER)错配的 DNA,缺失 SIRT6 的细胞存在较高频率的染色质异常,显示 SIRT6 具有维持基因组的完整性和抑制细胞异常增生等重要作用。SIRT7 主要分布于核仁,已知的底物为 RNA 聚合酶 I,在增生较旺盛的细胞中含量较丰富。甲状腺和乳腺肿瘤细胞中,可见 SIRT7 水平明显上调,并与疾病愈合呈正相关。

　　总之,通过对 SIR2 家族蛋白的生物学功能研究发现,虽然哺乳动物 SIR2 家族与酵母 SIR2 的功能相似,都是以 NAD＋为辅助因子,对蛋白质去乙酰化,并在热量限制时调节细胞代谢和寿命。但由于作用的底物差异,使得哺乳动物 SIR2 家族很难像酵母 SIR2 那样通过直接作用组蛋白以实现基因沉默和对基因组稳定性的影响。在更多情况下,SIR2 家族主要是通过作用于诸多转录因子来实现对癌症、细胞凋亡和氧化胁迫产生影响的。因此,酵母 SIR2 蛋白在大肠杆菌中的表达尤为重要。

2.3　酵母 SIR2 蛋白在大肠杆菌中的表达研究意义

　　酵母 SIR2 基因是一个与衰老速度及寿命有关的基因,它位于酵母第 4 条染色体的左臂上,全长 4 649 bp。其 cDNA 序列全长 2 393 bp,由一个 5′端非翻译区(untranslated region, UTR)、一个开放阅读框(open reading frame,ORF)和一个 3′端非翻译区构成。SIR2 基因有一个编码为 562 个氨基酸残基的蛋白质,分子量为 63 262 Da,在编码区的前端有一段前导序列(spliced leader, SL)。目前,有关 SIR 的研究比较多,为了进一步阐明 SIR2 蛋白结构与功能的关系,在此利用大肠杆菌中诱导了 SIR2 的可溶性表达。大肠杆菌是目前基因工程中应用最为广泛的宿主细胞,可以以极高的水平表达外源蛋白,但外源蛋白往往错误折叠以没有生物活性的包涵体形式存在,必须将其进行变性复性的处理才有可能得到具有生物活性的目的蛋白,而可溶性诱导表达的蛋白质被认为是最接近于天然态的蛋白质。因此,在大肠杆菌中可溶性表达目的蛋白一直是研究者的期望和挑战。

　　本章针对采用不同的温度梯度和浓度梯度分别对酵母菌 SIR2 蛋白质的表达进行研究,通过调整蛋白质表达诱导温度和 IPTG 浓度,分析诱导条件的改变对蛋白表达量的影响,筛选出能高效可溶性表达及有生物活性的 SIR2 蛋白的表达条件,并将表达产物进行纯化和生物活性的检测,为进一步研究 SIR2 蛋白的空间动力学结构及其空间的蛋白质相互作用调节提供了分子依据。

2.4 材料

2.4.1 实验材料

实验所用材料主要有:RNA 提取试剂盒、AMV 反转录试剂盒、胶回收试剂盒(Gel Extraction Kit D2501 - 00)、T 载体(TaKaRa-T Simple Vector，Code：D103A)、Hit rap 纯化柱等，购于 OMEGA 公司。大肠杆菌 DH5α、大肠杆菌 DE3、pET - 28a 表达载体、DNA Marker(DL 2000，TaKaRa Code：D501A)、10×Buffer、Mg2+、dNTP、胰酶、琼脂糖、DEPC、PCR 反应试剂、TEMED、丙烯酰胺、N,N′-甲叉双丙烯酰胺、十二烷基硫酸钠(SDS)、过硫酸铵、甘氨酸、马斯亮蓝 G - 250、巯基乙醇、甲醇、冰乙酸、盐酸、磷酸、三氯甲烷、异丙醇、乙醇等。

试剂等材料购于上海生工生物工程公司。

2.4.2 实验仪器

实验中使用的主要仪器有:定性梯度 PCR 扩增仪(美国 Promega 公司生产)、全自动凝胶成像系统(英国 Syngene 公司生产)、台式高速冷冻离心机(德国 Eppendorf 公司生产)、TGL - 16B 台式高速离心机、电动匀浆机、紫外分光光度计、凝胶成像系统、恒温水浴锅、垂直板型电泳槽、直流稳压电源、微量注射器、玻璃板、水浴锅、染色槽、烧杯、吸量管、常头滴管等。

2.5 RNA 提取及反转录与 PCR 扩增

2.5.1 RNA 的提取及反转录

取对数生长期的酵母菌细胞,用 0.25% 胰蛋白酶消化后,加入少许培养液,用吸管吹打瓶底使细胞悬浮,1 000 r/min 离心 10 min,弃上清,将沉淀移入经 DEPC 水处理的 10 mL 离心管内。加入 1 mL Trizol 试剂,电动匀浆机匀浆(冰浴中操作),26 000 r/min 15 s 以彻底裂解细胞组织。将匀浆移至1.5 mL 离心管后室温静置 10 min,加入 0.2 mL 三氯甲烷,震荡 15 s 室温静置 10 min,4℃ 16 000 r/min 离心 15 min,加入 0.5 mL 异丙醇沉淀 10 min 后以 4℃ 16 000 r/min 离心 10 min,75％乙醇 1 mL 洗涤后在 4℃温度下,对 4℃温度下的反应剂进行 8 000 r/min 离心处理 5 min,真空干燥后用 DEPC 处理的无菌双蒸水溶解,−70℃温度下保存。

利用紫外分光计测定 RNA 样品在波长为 260 nm 和 280 nm 时的紫外吸收值。根据 1 OD260 相当于 RNA 40 μg/mL 确定 RNA 的量。根据OD260/OD280 的比值来判断 RNA 样品的纯度,比值大于 1.8 视为 RNA纯度优良。

用 AMV 反转录酶反转录获得 cDNA 首链,反转录反应体系为:总反应体系为 20 μL, AMV(5U/ μL)1 μL,5 倍的反转录缓冲液 4 μL,RNA 酶抑制剂(40 U/μL)0.5 μL,dNTPs 混合物(10 mmol/L)2 μL,下游引物(10 μmol/L)3.5 μL,模板 4 μL,水 5 μL。反转录条件为 42℃ 1 h。

2.5.2　SIR2 基因反转录 PCR(RT‐PCR)扩增

PCR 扩增引物参照酵母 SIR2 基因(Genbank 登录号:X01419)的开放阅读框(ORF)的序列及有关文献,使用引物设计软件 Primer-primer 5.0 设计。由于在蛋白质表达实验中需要用到表达载体 pET‐28a 上的多克隆位点,因此在上、下游引物上分别加入酶切位点 Ecro R1,Hind Ⅲ 及相应的保护碱基。引物序列为

P1(Anti-sense)：5′CGGAATTCTTCCCTTTCATTTGTAGCAT3′;

P2(sense)：5′GCAAGCTTCGGCACCATCAACAGTAT。

该对引物可扩增长度约为 1 700 bp 酵母 SIR2 基因片段,引物由上海生工生物技术公司合成(Sense, No:A89725; Anti-Sense, No:A89724),PAGE 纯化。

以反转录产物 cDNA 为模板进行 SIR2 基因 RT‐PCR 扩增,反应体系为 50 μL,反应体系组成如表 2‐1 所示。

表 2-1　反应体系组成

试剂	反应混合物 1/μL	反应混合物 2/μL
Genomic DNA (100 ng/μL)	1	0
10×PCR buffer (Mg2$^+$)	5	5
dNTP mixture	8	8
Forward primer (20 μM)	0.5	0.5
Downward primer (20 μM)	0.5	0.5
Taq polymerase	1.5	1.5
Sterile deionized water	33.5	34.5

标准循环参数:95℃预变性 4 min,循环参数为 94℃ 30 s,55℃ 30 s,72℃ 55 s,30 个循环;最后 72℃延伸 30 min。具体操作可根据情况进行优化。

同时,设阴性对照以检测是否有外源 DNA 污染,分别取 5 μL 扩增产物于 1.5% 的琼脂糖凝胶中检测。

2.6　目的基因的诱导表达

(1) 将 PCR 扩增产物进行纯化,连接到 T 载体上,并将其转化到已经制备好的大肠杆菌(DH5α)感受态细胞中。涂板于加有 Amp＋和 X-gel 的 LB 培养基上,放入恒温培养箱中在 37℃下倒置培养 12~14 h。

(2) 获得蓝白斑,白斑的菌体含有 T 载体,挑选白斑进行扩大培养。

(3) 提取菌液,采用 TaKaRa 公司的 MiniBEST Plasmid Purification Kit 纯化出含有目的基因的 T 载体,用 Hind Ⅲ 和 Ecro R1 的双酶切体系(TaKaRa 公司)分别对含有目的基因的 T 载体和表达载体 pET-28a 进行酶切。

(4) 对酶切反应后的体系进行电泳,使用 Gel Extraction Kit (OMEGA D2501-00)分别回收目的基因 SIR2 和 pET-28a 表达载体。

2.7　目的蛋白的诱导表达与纯化

（1）将上述目的基因和表达载体混合，组成连接体系，加入 T4 DNA Ligase 进行连接，并将其转化到大肠杆菌 DE3 制作的感受态细胞中，之后，涂平板于加有 Amp＋的 LB 培养基上，37℃恒温培养箱中倒置培养 12～14 h。

（2）挑取已经转化出的 DE3 菌落，接种于 5 mL LB 培养基（含 Cam）中。37℃下振荡培养过夜，次日，以 5% 量接种于 LB 培养基（含 Cam）中，37℃培养至 OD600＝0.5 左右时，向培养基中加入不同浓度的 IPTG（终浓度分别为 0.1 mM、0.2 mM、0.3 mM；留 1 管不加 IPTG 的作为对照），分别在 20℃、30℃、37℃下诱导表达 2～3 h。5 000 r/min 离心收集诱导表达菌体，PBS 缓冲液清洗一次后在同样条件下离心处理后再次收集菌体。

（3）目的蛋白表达产物的纯化，对最佳诱导表达的一组进行扩大培养，采用上述方法将含有 SIR2 蛋白质的洗脱液收集起来，采用 Hit rap 柱亲和层析法回收纯化蛋白质：取菌体悬浮于灭菌水中，超声波破碎 20 min，18 000 r/min 离心处理 15 min。收集上清液，用 0.45 μm 滤膜过滤，将滤液上的 Hit rap 柱用 pH7.0 的磷酸缓冲液洗脱，收集洗脱液。

2.8　目的蛋白表达产物的检测

采用 SDS－PAGE 法分别检测不同诱导条件下大肠杆菌的蛋白质表达情况。

2.8.1　实验试剂的配置

（1）分离胶缓冲液（Tris－HCl 缓冲液 pH8.9），其配置方法是：取 1 mol/L 盐酸 48 mL，Tris 36.3 g，用无离子水溶解后定容至 100 mL。

（2）30%分离胶贮液，其配置方法是：丙烯酰胺（Acr）30 g 及 N,N′-甲叉双丙烯酰胺（Bis）0.8 g，溶于重蒸水中，最后定容至 100 mL，过滤后置棕色试剂瓶中,4℃下保存。

（3）10％SDS 溶液：SDS 在低温下易析出结晶,用前微热,使其完全溶解。

（4）1％TEMED。

（5）10％过硫酸铵(AP)：现用现配。

（6）电泳缓冲液(Tris-甘氨酸缓冲液 pH8.3),其配置方法是：称取 Tris 6.0 g,甘氨酸 28.8 g,SDS 1.0 g,用无离子水溶解后定容至 1 L。

（7）样品溶解液,其配置方法是：SDS 100 mg,巯基乙醇 0.1 mL,甘油 1 mL,0.2 mol/L 溴酚蓝 2 mL,pH7.2 磷酸缓冲液 0.5 mL,加重蒸水至 10 mL。

（8）染色液,其配置方法是：0.25 g 考马斯亮蓝 G-250,加入 454 mL 50％甲醇溶液和 46 mL 冰乙酸。

（9）脱色液,其配置方法是：75 mL 冰乙酸,875 mL 重蒸水与 50 mL 甲醇混匀。

2.8.2 实验设计及步骤

（1）安装夹心式垂直板电泳槽。

（2）配制 10％浓度分离胶 20 mL,组成如表 2-2 所示。

表 2-2　10％浓度分离胶组成

成分	V/mL
分离胶贮液	6.66
分离胶缓冲液	2.50
10% SDS	0.20
1％TEMED	2.00
重蒸馏水	8.54
10％AP	0.10

（3）制备凝胶板。将上述配制的 20 mL 10％分离胶混匀,用细长头滴管将凝胶液加至长、短玻璃板间的缝隙内,约 8 cm 高,用 1 mL 注射器取少许蒸

馏水,沿长玻璃板壁缓慢注入,约 3～4 mm 高,以进行水封,约 30 min 后,凝胶与水封层间出现折射率不同的界线,则表示凝胶完全聚合,倾去水封层的蒸馏水,再用滤纸条吸去多余水分。

(4) 样品处理及加样。用样品溶解液溶解待测蛋白,使之浓度为 0.5～1 mg/mL,沸水浴加热 3 min,冷却至室温备用;取 10～15 μL(即 2～10 μg 蛋白质),用微量注射器小心将样品通过缓冲液加到凝胶凹形样品槽底部,待所有凹形样品槽内都加满了样品,即可开始电泳。

(5) 电泳。将直流稳压电泳仪开关打开,开始时将电流调至 10 mA;待样品进入分离时,将电流调至 20～30 mA;当蓝色染料迁移至底部时,将电流调回到零,关闭电源;拔掉固定板,取出玻璃板,用刀片轻轻将一块玻璃撬开移去,在胶板一端切除一角作为标记,将胶板移至大培养皿中染色。

(6) 染色及脱色。将染色液倒入培养皿中,染色 1 h 左右,用蒸馏水漂洗数次,再用脱色液脱色,直到蛋白区带清晰。

2.9 结果与分析

实验中,用 OMEGA 公司的 RNA 提取试剂盒,采用 Trizol 试剂一步提取法提取出酵母菌的总 RNA;利用 AMV 反转录酶对总 RNA 进行反转录获得 cDNA 首链;利用 cDNA 首链为模板,采用 RT - PCR 方法扩增酵母菌的 SIR2 基因,扩增结果如图 2 - 1 所示,大小约为 1 650 bp,与实验预期相符合,经阴性对照未见扩增带,说明基因组 DNA 未受到污染。

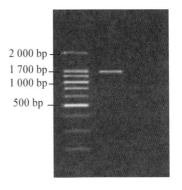

图 2 - 1　酵母菌 SIR2 基因的
RT - PCR 扩增结果图

(1)目的基因;(2)阴性对照

由于 PCR 扩增中使用了 Taq ploymerase,而 Taq polymerase 会在延伸产物的最后加上一个碱基 A,并且进行 30 min 的长时间延伸,使得产物的末端为碱基 A 的概率大大增加,这为下一步的 TA 克隆做好了准备。

2.9.1　目的基因表达结果

在实验中,研究人员利用 TaKaRa 公司的 pMD-T Simple Vector 进行了 TA 克隆,将含有目的基因的 T 载体转化到感受态大肠杆菌中,并将其置于含有 Amp 和 X-gel 的 LB 培养基上,经 12 h 培养,获得了蓝白斑(见图 2-2),并挑选白斑菌落进行扩大培养,纯化获得的含有目的基因的 T-载体,利用 EcoR1 和 HindⅢ双酶切体系对质粒进行酶切,获得目的基因(见图 2-3)。

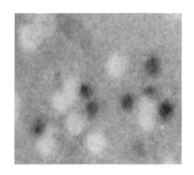

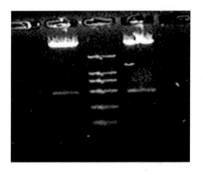

图 2-2　LB 培养基上的蓝白斑筛选图　　图 2-3　EcoR1 和 HindⅢ双酶切体系对质粒的酶切结果

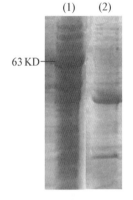

图 2-4　酵母菌 SIR2 蛋白表达检测结果效果图

(1)目的蛋白;(2)对照组

2.9.2　目的蛋白质表达结果

研究者将 pET28a 表达质粒同样进行 EcroR1 和 Hind Ⅲ 的双酶切处理,纯化回收后与上述目的基因在 T4 DNA 连接酶体系下进行连接,并转化到感受态大肠杆菌 DE3 菌体内,将菌液涂板于含有 Amp+的 LB 培养基上进行培养。由图 2-4 结果显示:在转导有 pSIR2 的 DE3 菌中,目的蛋白获得明显表达,菌株在 63 kd 处有一条明显的蛋白质条带,而在对照组中则不存在此条带。

为了研究不同诱导条件下蛋白质表达量的改变情况,科研人员通过调整诱导温度和 IPTG 浓度来筛选能高效可溶性表达及有生物活性的 SIR2 蛋白的表达条件。在 20℃、30℃、37℃下，向培养基中分别加入终浓度分别为 0.1 mM、0.2 mM、0.3 mM 的 IPTG，进行诱导表达 2～3 h，表达结果如图 2-5 所示。图 2-5(a)为 20℃下三种不同浓度 IPTG 中 SIR2 蛋白的表达情况，从图中可以看出，SIR2 蛋白在 63 KD 处的表达很弱，显示低温不利于该蛋白的表达。图 2-5(b)为 30℃下三种不同浓度 IPTG 中 SIR2 蛋白的表达，其中 IPTG 浓度在 0.2 mM、0.3 mM 时蛋白质表达最为理想，而在 0.1 mM 时表达较弱，显示在 30℃条件下适当增加 IPTG 浓度可能有利于蛋白质的表达，但达到一定浓度后(0.2 mM)对蛋白质表达的影响则较小。图 2-5(c)为 37℃下三种不同浓度 IPTG 中 SIR2 蛋白的表达，图中结果显示，在 37℃条件下 IPTG 的浓度对蛋白质表达的影响较小，在 0.1 mM 时就已经达到理想的表达状态。

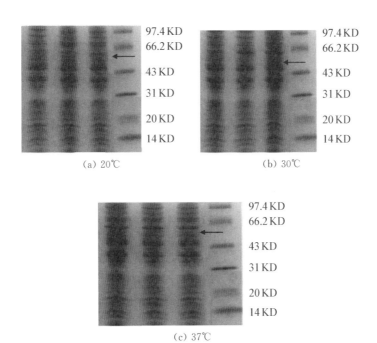

图 2-5　不同浓度 IPTG 对 SIR2 蛋白质表达的影响(图中箭头表示 SIR2 蛋白的位置)

2.10 讨论

2.10.1 SIR2 基因的功能

酵母 SIR2(silent information regulator 2)是最早发现的 Sirtuin 成员，它与其他蛋白组成的复合体发挥了基因沉默作用。SIR2 参与酵母交配型基因沉默、端粒区沉默、rDNA 沉默，参与抑制基因重组。在酵母中，SIR2 单基因缺失突变失活引起酵母寿命缩短 50%，而增加一个拷贝寿命则增加 30%。通常，寿命是由细胞分裂所产生的子代细胞数所决定的。在分裂时，母细胞保留原先的物质，从而保证新分裂出去的细胞得到了更新。母细胞每分裂一次都会变大并且延长到下一次分裂的时候。染色体外 rDNA 环的数量与酵母的分裂能力有着密切的关系，随着它的增加，会对细菌产生毒性，使细菌的分裂能力降低。在这个过程中，SIR2 蛋白由 Net1p 引导至核糖体重复片段(ribosomal DNA repeats)处。通过对组蛋白的去乙酰化来沉默基因转录。这降低了核仁位置的基因表达和增加了基因组的稳定性，从而减少了具有毒性的染色体外 rDNA 环的数量，并使酵母寿命得以延长。此外，SIR2 的激活剂可延长酵母的寿命，延缓其衰老，如同葡萄中提取的多酚类物质白藜芦醇(resveratrol)可以激活 SIR2 活性一样，使寿命延长 70%。SIR2 基因是一个在进化上高度保守的基因，从细菌到人类基因组中都有它的存在。当向线虫内引入额外的 SIR2 基因后，SIR2 在 Net1、Cdc14、Nan1 等调节因子的参与下控制减数分裂和有丝分裂过程，使染色质处于沉默状态，细胞的寿命则分别延长了 30% 和 50%。在线虫和果蝇中，SIR2 还参与了由热量限制引起的寿命延长的主要调节过程，其机制已确定部分是通过激活 SIR2 来实现的，SIR2 的同源基因 SIRT1 也有着类似的好处。因此，不难推测高等动物及人类的寿命与 SIR2 也有着某种可能的联系，故需要我们进行进一步的研究。

2.10.2 SIR2 蛋白质在大肠杆菌中的诱导表达

在本实验中，由于实验过程使用的是双酶切，因此不存在载体自连接的问题。而开环的载体在进入细菌体内后会很快被降解,所以在细菌体内的 pET28a 一定是闭合的,且一定含有目的基因。插入 pET28a 表达载体中的 SIR2 基因被置于 T7 启动子控制之下,并且为了方便蛋白表达之后的纯化,在目的基因的 N 端融合了 His‐tag 标签。挑选出培养基上生长出来的菌落进行扩大培养时,将成功导入目的基因的菌落分为 2 组,一组加入 IPTG 诱导表达,另一组不加入 IPTG。同时,取没有转导入 SIR2 的 DE3 菌落,同样是一组加 IPTG,一组不加入 IPTG。将各组细菌总蛋白进行 SDS‐PAGE 分析,结果显示:在加入 IPTG 且转导有 pSIR2 的 DE3 菌中,目的蛋白获得明显表达,菌株在 63 kd 处有一条明显的蛋白质条带,而在未加入 IPTG 组和没有转导入 pSIR2 的 DE3 菌株中则不存在此条带。该条带的分子量与 SIR2‐His‐tag 融合表达产物的理论分子量基本一致,因而可判定该蛋白质条带为重组 SIR2‐His‐tag 表达产物。然而在转导入 pSIR2 却未加入 IPTG 诱导的 DE3 菌株和没有转导入 pSIR2 却加入了 IPTG 的 DE3 菌株中均不存在此条带,这说明 T7RNA 聚合酶没有泄露表达。

此外,本研究还对 SIR2 蛋白在大肠杆菌中表达的诱导条件进行了优化,分别在不同温度条件和不同 IPTG 浓度条件下对蛋白质的诱导表达进行了研究,研究结果显示,低温(20℃)对蛋白质表达有较强的抑制作用,此时 IPTG 浓度对蛋白质表达的诱导作用影响很小,即增大浓度并不能增加蛋白质的表达量。而在 37℃ 情况下,蛋白质表达表现为最佳状态,此时只要较低浓度的 IPTG 就可以达到理想的表达状态。然而,有趣的是,在 30℃ 情况下,蛋白质的表达似乎与 IPTG 浓度有一定的关系,也就是说 IPTG 浓度在 0.1 mM 的基础上增加 1 倍以后,SIR2 蛋白质的表达量也大为增加。这种现象目前还没有报道,那么这是否与 SIR2 蛋白的自身生物学特性有关呢? 这点将在以后的研究中进一步进行验证。总之,本章通过对酵母菌 SIR2 蛋白的表达情况进行研究,为下一步阐明其空间结构和动力学特性提供了有利的分子依据。

蛋白质表达为更好地研究蛋白质的性质、结构与功能的关系提供了平台,并且使人们可以大量地获得蛋白质与自然环境的关系以及某些具有药物价值的蛋白质。改进表达细胞所生长的培养基是提高蛋白表达效果的途径之一。这是非常耗费时间的工作,因为对于不同的细胞株来说,表达效果最好的培养基是不同的。另外,增加表达细胞的生存能力,使它们能在培养基中存活更长的时间,也可以有效地提高目的蛋白的表达质量,更重要的是提高细胞的抗凋亡能力。

第 3 章

SIR2 家族蛋白质三级结构的建模及分析

3.1　概述

　　蛋白质结构与功能是当前生命科学中的一个重要研究内容,研究蛋白质的功能需要了解它们的结构,而蛋白质三维空间结构相似性的比较则是研究结构与功能的重要分析手段。目前,确定蛋白质三级结构的主要方法是蛋白晶体的 X 射线衍射法和多维核磁共振法,但这两种方法由于技术上的限制,无法满足每天数以千计的且逐渐增加的测序需要。在这种情况下,充分利用蛋白质一级序列的信息和已知蛋白质的三级结构信息来预测未知蛋白质的三级结构,已成为生物信息学中研究蛋白质结构和功能关系的主要手段,并为利用蛋白质进行相关疾病药物筛选提供了技术支撑。邵琛等利用相关计算工具对 SRAS 病毒的蛋白质三级结构进行了预测,并以此建立了筛选抗 SARS 药物的分子模型。在蛋白质三级结构预测中,当前的主要方法有同源蛋白建模、折叠类型识别和从头预测。其中的同源蛋白建模是目前最为理想的蛋白质结构预测方法,它是通过数据库搜索比较建模序列与模板序列相似性来获取模板蛋白质的空间结构信息,并建立建模序列的结构模型,然后用理论计算进行优化,获取建模序列的空间结构。通常,建模序列和模板序列匹配后的序列同源性在 30％以上时,就可用同源蛋白建模的方法预测其三级结构。因此,获得理想的同源蛋白质是决定同源建模成败的关键。

MATLAB 具有强大的矩阵运算、数值分析、数据处理、图形绘制等科学计算与可视化功能,是非常适合于进行生物信息学分析的计算机辅助设计软件工具。而其中的生物信息学工具箱(Bioinformatics toolbox)尤为突出,它拥有基因、蛋白质、生物芯片分析和处理、质谱分析、聚类分析以及可视化工具等几十种功能。

SIR2 家族是一组从古细菌到高等真核生物都非常保守的烟酰胺腺苷双核酸依赖的去乙酰化酶(NAD-dependant deacetylase),属于第三类组蛋白去乙酰化酶(HDAC)。在哺乳动物中,SIR2 家族共有 7 个成员,分别为 SIRT1、SIRT2、SIRT3、SIRT4、SIRT5、SIRT6、SIRT7。由于 NAD 在氧化还原反应过程中起核心作用,因此 SIR2 家族可能对代谢过程有影响。在对出芽酵母、啮齿类等真核生物的研究中发现,在限制热量摄入后,SIR2 家族可通过抑制核仁形成染色体外 rDNA 环而延长多种生物的寿命,而 SIR2 剔除个体的寿命则明显缩短。进一步研究发现,SIR2 家族与转录沉默相关,是 rDNA 沉默所必需的,且可能参与了细胞周期、凋亡和细胞分化的调控。因此,SIR2 家族是一类重要的调控因子,尤其在哺乳动物中与细胞周期调控及细胞寿命等方面具有极为重要的作用。目前,关于哺乳动物 SIR2 家族中 7 个成员的蛋白质结构与功能关系也有了一定的研究,但是除了 SIRT2 蛋白和 SIRT5 蛋白的三级结构已经得到测定外,其余的 5 个 SIR2 家族的蛋白质结构及其分子机制还不很清楚。

为此,本章利用 MATLAB 程序中的生物信息学工具箱对人类 SIR2 家族的蛋白质序列进行系统分类及蛋白质同源性分析。联合同源建模方法及 SwissPdbViewer 程序,为目标序列构建了合适的三级结构模型,对三级结构未知的 SIRT1、SIRT3、SIRT4、SIRT6、SIRT7 共 5 个 SIR2 家族蛋白进行三级结构预测,为进一步研究人类 SIR2 家族蛋白质结构与功能提供分子依据。

3.2 建模数据及同源性分析

利用 MATLAB 生物信息学工具箱中的 sequence analysis 程序,从

GenBank 数据库(http://www.ncbi.nlm.nih.gov/GenBank/index.html)下载目前已有的人类 SIR2 家族的 7 个蛋白质氨基酸序列信息及酵母的 SIR2 蛋白质序列(序列号见表 3-1)信息,利用 MATLAB 生物信息学工具箱 Profile Analysis of a Protein Family 程序,对所下载的 SIR2 家族的蛋白质一级结构进行同源性分析,利用 Bootstrapping Phylogenetic Trees 程序构建系统分类树,分析它们之间的同源性关系。

表 3-1　SIR2 家族蛋白序列数据一览表

蛋白质	编号	种类
SIR2	CAA96447	酵母
SIRT1	AAH12499	Human
SIRT2	AAK51133	Human
SIRT3	NP_001017524	Human
SIRT4	NP_036372	Human
SIRT5	NP_112534	Human
SIRT6	NP_057623	Human
SIRT7	NP_057622	Human

3.3　SIR2 家族蛋白三级结构的建模

SIR2 家族蛋白三级结构的建模首先由 SWISS MODEL 中的 Automated Mode(http://swissmodel.expasy.org/workspace/index.)程序进行,在 Sequence Identity 低于 25% 时,利用 Template Identification 程序对其进行模板比对打分,采用手动建模方法构建三级结构模型。在获得了全部的 5 个蛋白质三级结构模型后,采用重复最小方差算法,对模板结构进行比对以去除不匹配模板。插入和缺失位置的优化由模板整体结构来决定,比对产生的孤立的残基将被移动到临近的无规则卷曲结构里,最终获得合适的三级结构模板。三级结构的预测由 SwissPdbViewer 程序(http://www.expasy.ch/spdbv/)执行,利用 SwissPdbViewer 程序中 MUTATE 工具,置换模板氨基酸序列为需要预测的蛋白质氨基酸序列。同时,调整待测蛋白序列中主链各个原子的位置,产生与模板相同或相似的空间结构——待测蛋白质空间结构模型。

3.4　预测及可视化分析

由于获得的模板序列与目的序列有一定的差异,需要对模板的氨基酸序列进行优化。首先采用 Chou-Fasman 方法对模板中通过 MUTATE 程序获得的"突变"残基进行残基构象倾向性因子分析,残基构象倾向性因子定义为:$P_i = A_i / T_i (i = a, \beta, c, t)$,其中下标 i 代表构象态;T_i 是所有被统计残基处于第 i 种构象态的分数;A_i 代表第 A 种残基的对应分数;当 $P_i > 1.0$ 时,表示该残基倾向于形成 i 种构象;当 $P_i < 1.0$ 时,表示该残基倾向于形成其他构象。接着采用 Insight II 软件包中 CVFF 力场(Consistent-valence force field)分析程序,对 SIR2 家族蛋白建模结构进行分子力学及动力学优化。根据能量最小化原理,使待测蛋白质侧链基团处于能量最小的位置。

为了检验上述方法的可靠性,事先以 SIR2 三级结构为模板,预测了 SIRT2 的三级结构,并将预测的结果与它在蛋白质数据库(http://www.rcsb.org/pdb)中已有的 SIRT2 三级结构进行比较。预测结果于 MATLAB 生物信息学工具箱中的 Visualization Tools 进行可视化分析。

3.5　结果与分析

3.5.1　SIR2 家族蛋白的系统聚类

利用 MATLAB 中的 Bootstrapping Phylogenetic Trees 程序,对上述已知一级结构的 7 个人类 SIR2 家族蛋白和酵母 SIR2 蛋白进行系统聚类(见图 3-1)。从图中可以看出,人类的 SIRT1 与酵母 SIR2 的关系最近,它们与 SIRT2 和 SIRT3 形成一个大的分支,并和 SIRT6 与 SIRT7 组成的分支形成并列的平行支。而在整个系统进化树中,SIRT5 与 SIR2 的距离最远,其次就是 SIRT4,显示这两个蛋白质与 SIR2 蛋白的同源性较低。

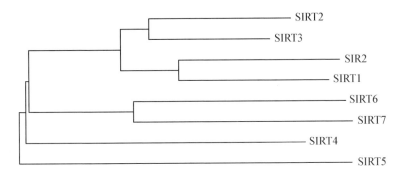

图 3 - 1　基于 MATLAB-Bootstrapping Phylogenetic Trees 程序构建的 SIR2 家族的系统进化树

3.5.2　三级结构的建模及优化

利用 SWISS MODEL 中的 Automated Mode 程序,分别对三级结构未知的 SIRT1、SIRT3、SIRT4、SIRT6 及 SIRT7 进行同源建模,在 Sequence Identity 大于 25% 时,共有 4 个蛋白质获得了匹配的模板(见表 3 - 2),分别为 SIRT1、SIRT3、SIRT4 和 SIRT6。而 SIRT7 未能获得相应的模板,为此,我们利用 Template Identification 程序对其进行了模板比对打分,最终获得 2h2iA 作为 SIRT7 建模的模板(见图 3 - 2)。

表 3 - 2　SIR2 家族中 SIRT1、SIRT3、SIRT4 及 SIRT6 蛋白的同源建模信息表

蛋白质	模板	序列百分比/%
SIRT1	2hjhA (1.85 A)	41.577
SIRT3	1j8fA (1.70 A)	51.095
SIRT4	1ma3A (2.00 A)	28.676
SIRT6	1yc5A (1.40 A)	34.836

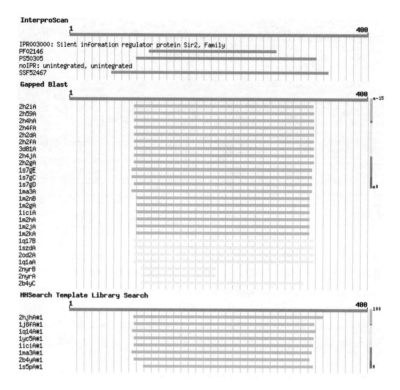

图 3-2　Template Identification 程序对 SIRT7 蛋白进行模板比对打分结果图

　　在对上述 5 个蛋白质的模板进行残基构象倾向性因子分析后,采用重复最小方差算法,对模板结构进行比对以去除不匹配结构,比对产生的孤立残基被移动到临近的无规则卷曲结构中,插入和缺失位置的三级结构则通过模板整体结构和该位置其他氨基酸残基构象的比较来决定。为了使氨基酸侧链进入最小能量状态,利用 Insight II 软件包进行能量最小化计算,包括了 100 步最陡下降计算和 1 000 步共轭梯度计算,接着采用 50 ps 的常温(300 K)分子动力学优化,以解决模板分子动力学结构中的局部势垒问题。图 3-3 为 SIRT1 家族蛋白在分子动力学模拟过程中模板的分子总能量和分子势能的变化情况。其中,图 3-3(a)显示经过 25 ps 的动力学优化后,分子的总能量已经基本保持稳定,即在后 25 ps 的优化中能量已经达到平衡。通过上述优化后,最终获得了 SIRT1、SIRT3、SIRT4、SIRT6、SIRT7 共 5 个 SIR2 家族蛋白的优势构像图。

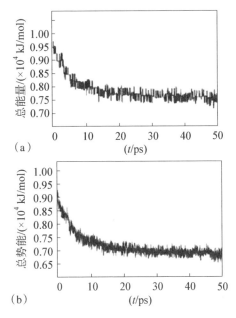

图 3-3　SIRT1 蛋白三级结构模型在 50 ps 分子动力学优化过程中的总能量
(a)分子的总势能；(b)蛋白质三级结构变化图

3.5.3　三级结构的特征

　　SIR2 家族蛋白质序列的高度相似性提示了它们应当具有类似的晶体结构。为验证上述预测方法的可靠性，首先以 SIR2 三级结构为模板预测了 SIRT2 的三级结构（见图 3-4(a)），并将预测的结果与 Brookhaven 蛋白质数据库中已有的 SIRT2 晶体结构进行了比较（见图 3-4(b)），结果表明，该方法可以有效地对 SIR2 家族的其他蛋白质进行三级结构预测。

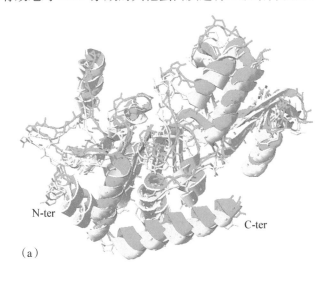

(a)

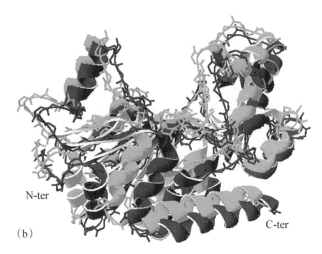

图 3-4   以 SIR2 三级结构为模板预测 SIRT2 的三级结构图

(a)以 SIR2(黄色)为模板预测 SIRT2(绿色)三级结构;(b)预测的 SIRT2(绿色)三级结构与已知的 SSIRT2(紫红色)三级结构的比较

人们在预测中,利用 MATLAB 中的 Visualization Tools 分析预测结果,发现被预测的 SIRT1、SIRT3、SIRT4、SIRT6、SIRT7 蛋白三级结构与各自的模板三级结构十分相似(见图 3-5)。

SIRT1 由 12 个 α-螺旋、8 个 β-转角和 8 个 loop 区构成。其中,N 端71、73、74、81、82、135、153、154、156、171 位点的氨基酸残基和 C 端248、253、274、275、289 位点的氨基酸残基分别为 NAD+ 结合位点(NAD+ binding site);155、171、220、222、226、252 和 254 位点的氨基酸残基为底物结合部位(substrate binding site);179、182、203 和 206 位点的氨基酸残基为锌结合位点(Zn binding site)。

SIRT3 由 10 个 α-螺旋、9 个 β-转角和 8 个 loop 区构成。其中,N 端71、73、74、81、82、135、153、154、156、171 位点的氨基酸残基和 C 端248、253、274、275、289 位点的氨基酸残基分别为 NAD+结合位点;155、171、220、222、226、252 和 254 位点的氨基酸残基为底物结合部位;179、182、203 和 206 位点的氨基酸残基为锌结合位点。

SIRT4 由 12 个 α-螺旋、12 个 β-转角和 9 个 loop 区构成。其中,N 端5、7、8、15、16、68、86、87、89、106 位点的氨基酸残基和 C 端 177、182、203、204、223 位点的氨基酸残基分别为 NAD+结合位点;88、106、150、

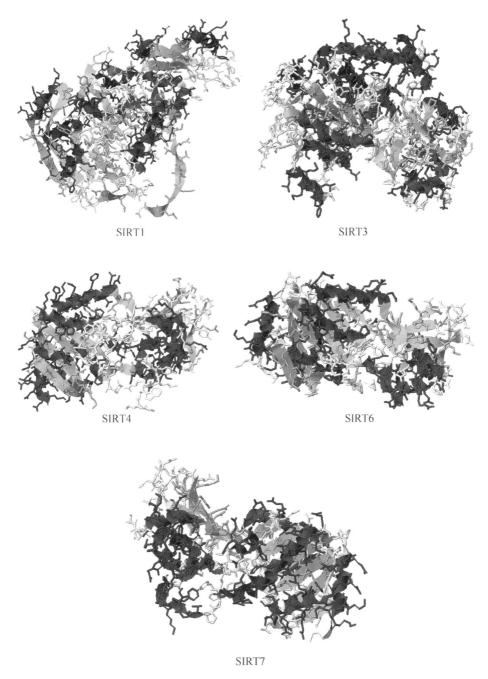

图 3 - 5　SIR2 家族蛋白质三级结构预测示意图

152、156、181、183 位点的氨基酸残基为底物结合部位；114、117、138 和 141 位点的氨基酸残基为锌结合位点。

SIRT6 由 9 个 α-螺旋、8 个 β-转角和 8 个 loop 区构成。其中，N 端 64、66、67、74、75、125、143、144、146、161 位点的氨基酸残基和 C 端 260、265、287、288 和 307 位点的氨基酸残基分别为 NAD+结合位点；145、161、232、234、238、264 和 266 位点的氨基酸残基为底物结合部位；169、172、220 和 223 位点的氨基酸残基为锌结合位点。

SIRT7 与 SIRT6 类似，也是由 9 个 α-螺旋、8 个 β-转角和 8 个 loop 区构成。其中，N 端 109、111、112、119、120、149、167、168、170、187 位点的氨基酸残基和 C 端 268、273、298、299、314 位点的氨基酸残基分别为 NAD+结合位点；169、187、237、239、243、272、273、277 位点的氨基酸残基为底物结合部位；195、198、225 和 228 位点的氨基酸残基为锌结合位点。

3.5.4　SIR2 家族蛋白三级结构的稳定性分析

SIR2 家族蛋白结构的稳定性与疏水性和亲水性氨基酸的空间分布状态有关。人们利用 MATLAB 的可视化分析工具，可以使 SIR2 家族蛋白质中带有正电荷和负电荷的氨基酸残基的空间分布情况显示出来。我们注意到，电荷的分布并不是一致贯穿于 SIR2 家族蛋白侧面的，而是集中分布于 α-螺旋的侧面（见图 3-6）。同时，在分析疏水性氨基酸残基的空间分布时发现，疏水性氨基酸残基的分布与带电荷的氨基酸残基分布不同，它们主要位于 SIR2 家族蛋白的内侧（见图 3-7）。这些结构可能是为了增加 SIR2 家族蛋白部分区域的稳定性并使蛋白质的结构变得更为紧密。

SIR2 家族蛋白的静电分布分析显示，在 SIR2 家族蛋白的近 C 端有一个类似于"口袋"状的区域——N/C 腔（见图 3-8）。对 N/C 腔的结构进行拓扑学分析表明，该区域可能是一些有机分子或互作蛋白与之进行相互作用的地方。同时，上述观察结果也显示，疏水性氨基酸的不均匀分布，使得 SIR2 家族蛋白的 C 端、N 端、loop 区形成了不稳定的热力学结构。该结构的不稳定性可能使 SIR2 家族蛋白的底部和侧面具有高度弹性，并影响了蛋白质的功能。

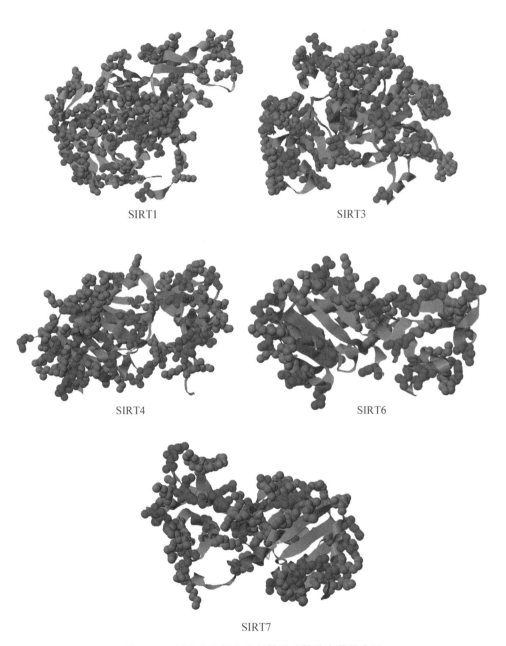

图 3 - 6　SIR2 家族蛋白中氨基酸残基的电荷分布图

（红色与蓝色分别表示带正、负电荷的氨基酸残基）

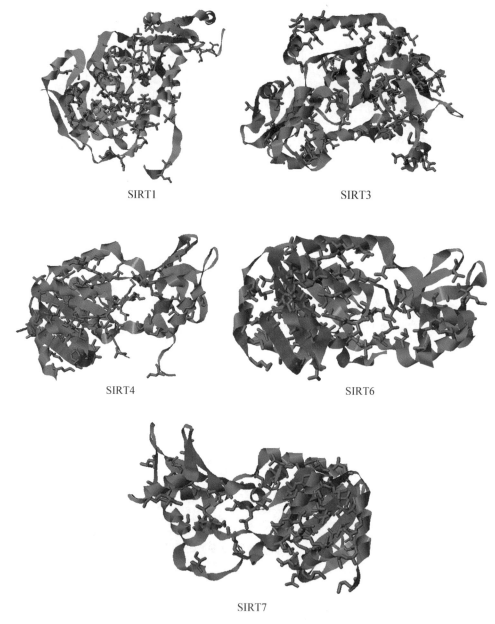

图 3-7 SIR2 家族蛋白中疏水性氨基酸的分布图

（绿色表示疏水性氨基酸）

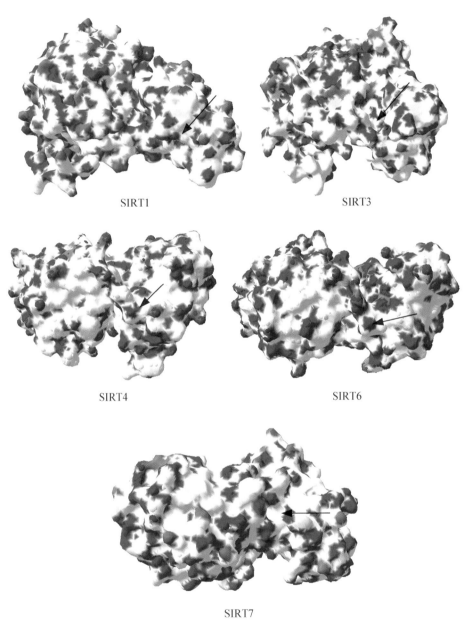

图 3 - 8　SIR2 家族蛋白的表面静电分布图

(红色和蓝色分别表示正、负电荷的氨基酸,黑色箭头所示为 N/C 腔所处的位置)

3.6.1 SIR2 家族蛋白间的同源关系

SIR2 家族是一组从古细菌到高等真核生物都非常保守的烟酰胺腺苷双核酸依赖的去乙酰化酶(NAD-dependant deacetylase),属于第三类组蛋白去乙酰化酶(HDAC)。在酵母、线虫和果蝇等低等生物中,对 SIR2 基因家族的基因表达变化、热量限制与延长生物寿命等方面的研究已相当深入,而在哺乳动物中关于 SIR2 家族的研究才刚刚起步。哺乳动物的 SIR2 基因家族在进化上与酵母 SIR2 基因高度同源,共有 7 个成员,分别为 SIRT1、SIRT2、SIRT3、SIRT4、SIRT5、SIRT6 与 SIRT7。它们具有共同的核心区域和 N、C 端的高度保守序列。目前,对 SIRT1 研究得最多,其次是 SIRT2 和 SIRT3,但其他 4 个 SIR2 家族蛋白的功能目前还不十分清楚。是否所有 SIR2 家族都与细胞抗衰老有关? 以及它们在延长细胞寿命或调节其他生命活动过程中是否具有相同或相近的作用呢? 到目前为止,还不得而知。此外,人类 SIR2 基因家族的单核苷酸多态性(single nucleotide polymorphism,SNP)与寿命之间的关系等问题,也是分子生物学中的研究重点。

为此,首先利用 MATLAB 程序构建了人类 SIR2 基因家族的系统发育树,以研究该家族中各蛋白之间的同源关系。研究表明,SIRT1 与酵母的 SIR2 蛋白亲缘关系最近,二者处于同一分枝中,并与亲缘关系最近的 SIRT2、SIRT3 所组成的另一个分枝形成并行分枝(见图 3 - 1),显示人类的 SIRT1、SIRT2、SIRT3 蛋白与酵母 SIR2 蛋白的同源性很高。而从图中可以看出,人类的 SIRT4、SIRT5、SIRT6、SIRT7 蛋白与酵母 SIR2 蛋白的亲缘关系较远,其中 SIRT5 与 SIR2 的关系最远,其次就是 SIRT4 蛋白,这表明这两个蛋白与 SIR2 蛋白的同源性较低。SIRT6、SIRT7 虽然也与 SIR2 的亲缘关系较远,但这两个蛋白在组成一个独立分枝后与整个 SIRT1、SIRT2、SIRT3 及 SIR2 组成的大分枝形成并行关系,显示这两个蛋白与酵母 SIR2 蛋白的同源性较 SIRT4 和 SIRT5 的更高。

有意思的是,之前有研究者根据氨基酸的同源性将哺乳动物 SIR2 家族蛋白分为 4 种类型,其中 SIRT1、SIRT2、SIRT3 属于Ⅰ类,该类型和酵母 SIR2 的关系最为接近;SIRT4 属于Ⅱ类;SIRT5 属于Ⅲ类;而将 SIRT6 和 SIRT7 划为第Ⅳ类。而本研究中利用人类 SIR2 家族蛋白的氨基酸序列构建的进化树显示,虽然 7 个蛋白也被分为 4 种类型,但 SIRT6 和 SIRT7 与酵母 SIR2 蛋白的同源性比 SIRT4 和 SIRT5 的更高。因此,就哺乳动物而言,SIR2 家族蛋白结构与功能在不同物种中可能有较大的差异。

3.6.2　SIR2 家族蛋白的三级结构分析

在对哺乳动物 SIR2 家族蛋白的研究表明,SIRT1 和 SIRT2 具有靶蛋白,但其他的 5 个 SIR2 家族蛋白的靶蛋白尚未找到。此外,SIRT1、SIRT2、SIRT3、SIRT5 具有依赖 NAD＋的组蛋白脱乙酰基酶活性,而 SIRT4、SIRT6 和 SIRT7 却没有这种活性,显示这些蛋白质之间的生物功能存在较大的差异。这种同一基因家族中不同蛋白质生物功能的差异在很大程度上与蛋白质的空间结构有很大关系,因此对蛋白质三级结构的研究对揭示其分子功能具有重要意义。

本研究利用 MATLAB 中的生物信息学工具箱来阐述 SIR2 家族蛋白的三级结构,并对人类 5 个 SIR2 家族蛋白的三维空间结构进行了描述。对预测结构的可视化分析表明,5 个 SIR2 家族蛋白的三级结构相似,它们的催化核心结构域相当保守,大约有 270 个氨基酸残基,主要由一大一小共两个结构域及一个锌原子组成。另外,还有一系列环状结构与这两个结构域相连,并在其核心区域的中间形成一个裂缝(见图 3-5、图 3-8)。其中,乙酰化的赖氨酸残基和辅助因子 NAD＋结合位于裂缝的对面。由于 SIR2 家族蛋白核心区域的序列是高度保守的,这也暗示了 SIR2 家族蛋白具有一个相对保守的催化反应机制。而位于催化区域核心的锌原子结合位点在与 NAD＋结合过程中也可能起到很重要的调节作用。

氨基酸电荷分布分析表明,SIR2 家族蛋白结构的稳定性与疏水性、亲水性氨基酸的空间分布有关。这些带电荷的氨基酸位于蛋白质表面并易于与水分子发生作用。特别地,我们注意到电荷的分布并不是一致贯穿于 SIR2 家族蛋白的侧面,实际上,相对于其他区域,带电荷的氨基酸大部分集中于 α-螺旋的侧面,其中带正电荷的氨基酸主要分布于外侧,带负电荷的氨基酸主要分布于内侧(见图 3-6)。分析疏水性氨基酸残基的空间分布时发现,与带电荷的氨基酸残基分布不同,疏水性氨基酸残基主要位于 SIR2 家族蛋白的内侧(见图 3-7),这些结构可能是为了提高 SIR2 家族蛋白区域的稳定性,并且有利于保护蛋白质不被水分子溶解,使蛋白质的结构变得更为紧密。此外,由于 SIR2 家族蛋白的稳定性与一些主要的疏水性氨基酸残基(如 Ala、Val、Trp 和 Phe 等)紧密相关。因此,上述观察结果表明,由于这些疏水性氨基酸的不均分布,在 SIR2 家族蛋白的 C 端、N 端、loop 区形成了不稳定的热力学结构。该结构的不稳定性可能使 SIR2 家族蛋白的底部和侧面具有高度弹性,影响了蛋白质的功能。

SIR2 家族蛋白的静电分布分析显示,在 SIR2 家族蛋白的近 C 端有一个类似于"口袋"状的区域——N/C 腔(见图 3-8)。对 N/C 腔的结构进行的拓扑学分析表明,该区域可能是一些有机分子或互作蛋白与之进行相互作用的地方。同时,也暗示了 SIR2 家族蛋白与细胞代谢物之间的相互作用可能影响了它们的功能。因此,一个可能性就是:N/C 腔是 SIR2 家族蛋白与其他小分子相互作用的区域,并且是蛋白质相互作用所必需的接触面。此外,SIR2 家族蛋白经常通过与不同互作蛋白的相互作用来调控特异靶基因,因此 SIR2 家族蛋白更易于形成一类多蛋白复合物,用以作为基因调控的增强子或启动子并在决定细胞的特异性中具有重要的作用。

通过 MATLAB 对预测结果进行可视化分析表明,SIR2 家族蛋白类似于一类具有柔韧性的蛋白质,它的活性(或功能)是通过改变相关氨基酸侧链的位置来调控的,其本质与分子的结合及稳定性有关,而 loop 区的不稳定性、N/C 腔可能结合的分子、N 端结构域和 C 端结构域及 NAD+ 在蛋白质中的结合位点等,都有可能影响到 SIR2 家族蛋白的氨基酸位置并调控蛋白的活性及功能。

总之,通过对 SIR2 家族蛋白的生物学功能研究发现,虽然哺乳动物 SIR2 家族与酵母的 SIR2 的功能相似,都是以 NAD+ 为辅助因子,对蛋白质去乙酰化,并在热量限制时调节细胞代谢和寿命。但由于作用的底物差异,使得哺乳动物 SIR2 家族很难像酵母 SIR2 那样通过直接作用组蛋白以实现基因沉默和对基因组稳定性的影响。在更多情况下,SIR2 家族主要是通过作用于诸多转录因子来实现对癌症、细胞凋亡和氧化胁迫产生影响的。引用异常的重复性元素表达式可能代表了很有前途的癌症治疗。

第 **4** 章

结论与展望

　　本篇首先利用蛋白质表达技术研究了酵母菌 SIR2 蛋白在大肠杆菌中的表达情况,通过设定温度梯度和 IPTG 浓度梯度研究了不同诱导条件对 SIR2 蛋白表达的影响,并利用 SDS‐PAGE 方法对蛋白质表达结果进行了检测。结果表明,低温(20℃)对蛋白质表达有较强的抑制作用,此时 IPTG 浓度对蛋白质表达的诱导作用影响很小,即增大浓度并不能增加蛋白质的表达量。而在 37℃温度下,蛋白质表达表现为最佳状态,此时只要较低浓度的 IPTG 就可以达到理想的表达状态。然而在 30℃条件下,蛋白质的表达却与 IPTG 浓度有一定的关系,也就是说,IPTG 浓度在 0.1mM 的基础上增加 1 倍以后,SIR2 蛋白质的表达量也大为增加。这种现象目前还没有报道,这就提示我们利用大肠杆菌中进行蛋白质表达的条件可依据不同的研究背景进行进一步优化。

　　由于 SIR2 家族蛋白是一类重要的调控因子,其在哺乳动物中与细胞周期调控等方面具有极为重要的作用。但目前除了 SIRT2 和 SIRT5 的三级结构已经得到测定外,其余 5 个 SIR2 家族蛋白的结构及其分子机制还不很清楚。本文利用 MATLAB 程序对人类 SIR2 家族的蛋白质序列进行了同源性分析,并联合同源建模方法及 SwissPdbViewer 程序对三级结构未知的

SIRT1、SIRT3、SIRT4、SIRT6、SIRT7 进行建模及预测。

蛋白质的同源关系研究表明,SIRT1 与酵母的 SIR2 蛋白亲缘关系最近,二者处于同一分枝中,并与 SIRT2、SIRT3 所组成的另一个分枝形成一个大的并行分枝,显示人类的 SIRT1、SIRT2、SIRT3 蛋白与酵母 SIR2 蛋白的同源性很高。而 SIRT4、SIRT5、SIRT6、SIRT7 蛋白与酵母 SIR2 蛋白的亲缘关系较远,其中 SIRT5 与 SIR2 的关系最远,其次是 SIRT4 蛋白,表明这两个蛋白与 SIR2 蛋白的同源性较低。SIRT6、SIRT7 虽然也与 SIR2 的亲缘关系较远,但这两个蛋白在组成一个独立分枝后与整个 SIRT1、SIRT2、SIRT3 及 SIR2 组成的大分枝形成并行关系,显示这两个蛋白与酵母 SIR2 蛋白的同源性较 SIRT4 和 SIRT5 的同源性更高。这种情况与之前根据氨基酸的同源性对哺乳动物 SIR2 家族蛋白的分类有一定差异。之前有研究者认为,SIRT1、SIRT2、SIRT3 属于 I 类,SIRT4 属于 II 类,SIRT5 属于 III 类,SIRT6 和 SIRT7 划为第 IV 类。而本研究却显示,虽然人类 SIR2 家族蛋白也被分为 4 种类型,但 SIRT6 和 SIRT7 与酵母 SIR2 蛋白的同源性比 SIRT4 和 SIRT5 的同源性更高。因此,对哺乳动物来说,SIR2 家族蛋白结构与功能在不同物种中可能有较大的差异。

蛋白质三级结构预测结果显示,5 个 SIR2 家族蛋白的三级结构相似,它们的催化核心结构域相当保守,主要由一大一小共两个结构域及一个锌原子组成,另有一系列环状结构与这两个结构域相连,并在其核心区域的中间形成一个裂缝,这表明 SIR2 家族蛋白具有一个相对保守的催化反应机制,而位于催化区域核心的锌原子结合位点在与 NAD+ 结合过程中也可能起到很重要的调节作用。对氨基酸的电荷分布分析表明,带电荷的氨基酸大部分集中于 α-螺旋的侧面,其中带正电荷的氨基酸主要分布于外侧,带负电荷的氨基酸主要分布于内侧。分析疏水性氨基酸残基的空间分布表明,疏水性氨基酸残基主要位于蛋白质的内侧。由于蛋白质的稳定性与一些主要的疏水性氨基酸残基紧密相关,因此这些疏水性氨基酸的不均分布,在 SIR2 家族蛋白的 C 端、N 端、loop 区形成了不稳定的热力学结构,该结构的不稳定性可能使 SIR2 家族蛋白的底部和侧面具有高度弹性并影响了蛋白质的功能。蛋白质静电分布分析显示,SIR2 家族蛋白的近 C 端有一个类似于

"口袋"状的区域——N/C腔,该区域可能是一些有机分子或互作蛋白与之进行相互作用的地方,表明SIR2家族蛋白更易于形成一类多蛋白复合物,用以作为基因调控的增强子或启动子并在决定细胞的特异性中具有重要的作用。

总之,通过MATLAB对预测结果进行可视化分析表明,SIR2家族蛋白类似于一类具有柔韧性的蛋白质,它的活性(或功能)是通过改变相关氨基酸侧链的位置来调控的,其本质与分子的结合及稳定性有关,而loop区的不稳定性、N/C腔可能结合的分子、N端结构域和C端结构域及NAD+在蛋白质中的结合位点等,都有可能影响到SIR2家族蛋白的氨基酸位置并调控蛋白的活性及功能。

4.2 展望

通过对酵母菌Sir2蛋白在大肠杆菌中表达条件的优化及对人类SIR2家族蛋白三级结构预测等研究发现,虽然哺乳动物SIR2家族与酵母的SIR2结构与生物学功能相似,都是以NAD+为辅助因子,对蛋白质去乙酰化,并在热量限制时调节细胞代谢和寿命,但由于空间结构和作用底物差异,使得哺乳动物SIR2家族很难像酵母SIR2那样通过直接作用组蛋白以实现基因沉默和对基因组稳定性的影响。在更多情况下,SIR2家族主要是通过作用于诸多转录因子来完成其生物功能实现的。

由于SIR2家族是一组进化上高度保守的NAD+依赖的去乙酰化酶,它与基因转录沉默、细胞生长周期延长等细胞生物学特性密切相关。尽管最近对SIR2家族蛋白的研究有了新的突破,但其详细的分子生物学机制尚未完全清楚。随着对SIR2家族生物学机制的进一步研究,人们会逐渐揭示出SIR2家族在诸多调控网络中的位置和主要功能,并对诠释人类的寿命、衰老以及肿瘤等将有进一步的推动。

蛋白质表达技术的发展进程,很大程度上取决于能否使用更加高效的表达菌株,常用FACS(fluorescence-activated cell sorting)方法来发现更好的表达菌株。这是一种有发展前途的高通量筛选方法。这种方法是通过将目的基因和编码绿色荧光蛋白的基因共同转染进细胞当中。对绿色荧光蛋白的高表达也意味着对目的基因的高表达。开发绿色跨突触伙伴的荧光蛋白重组,可以检测印记细胞以确定神经元的特征。通过对细胞发出的荧光的程度可以直接判断出细胞株表达蛋白的准确性。绿色荧光蛋白伴随表达锚定有望达到野生型生物的质量。荧光蛋白体外细胞共培养获得与癌症相关的实质细胞样表型,可能成为治疗癌症的新平台。

第二篇

绿色荧光蛋白传感器的研制和变异质研究

第5章

蛋白质化学结构、分子理论及生物学功能

蛋白质是一类重要的生物大分子,总体上说,蛋白质的结构是非常之复杂的,但是从生化角度讲,构成蛋白质分子的基本单位共有 20 种天然的氨基酸。不同的氨基酸之间通过肽键的连接组合成一个整体的多肽链,而不同的蛋白质之间最为本质的区别就是构成它们的氨基酸个数的不同及每个相同位置的氨基酸种类的不同。蛋白质在空间结构上是不同的,它具有极高的复杂性。

5.1　蛋白质的生物学功能

生物界中蛋白质的种类为 $10^{10} \sim 10^{12}$ 数量级。造成种类如此众多的原因主要是参与蛋白质组成的氨基酸在肽链中排列顺序不同造成的,蛋白质这种顺序的多样性是其生物学功能多样性和种属特异性的结构基础。蛋白质的主要生物学功能可以分为以下几类:

(1) 催化。蛋白质的一个最重要的生物功能是可以作为生物体新陈代谢的催化剂——酶。酶是蛋白质中最大的一类。生物体内的各种化学反应几乎都是在相应的酶的参与下进行的。酶的催化效率远大于合成的催化剂的催化效率。

(2) 调节。许多蛋白质都有调节其他蛋白质执行其生理功能的能力,这些蛋白质称为调节蛋白,最著名的例子是胰腺兰氏小岛及 beta 细胞分泌的

胰岛素,它是调节动物体内血糖代谢的一种激素。另一类调节蛋白参与基因表达的调控,它们可以激活或是抑制遗传信息转录为 RNA。

(3) 转运。第三类是转运蛋白,其功能是从一地到另一地转运特定的物质。一类转运蛋白如血红蛋白、血清蛋白,是通过血流转运物质的,前者将氧气从肺转运到其他组织,后者将脂肪酸从脂肪组织转运到各器官。另一类转运蛋白是膜转运蛋白,它们能通过渗透性屏障转运代谢物和养分,如葡萄糖转运蛋白。

(4) 储存。另一类蛋白质是氨基酸的聚合物,又因氮素通常是生长的限制性养分,所以必要时生物体就利用蛋白质作为提供充足氮素的一种工具,例如乳中的乳蛋白是哺乳类动物幼子的主要氮源。许多高等植物的种子含高达 60% 的储存蛋白,为种子的发芽准备足够的氮素。蛋白质除为生物体发育提供 C、H、O、N、S 元素外,铁蛋白还能储存 Fe,用于含铁的蛋白质,如血红蛋白的合成,一分子铁蛋白可结合 4 500 个铁原子。

(5) 运动。某些蛋白质赋予细胞以运动的能力,肌肉收缩和细胞游动是细胞具有这种能力的代表。作为运动基础的收缩和游动蛋白具有共同的性质:它们都是丝状分子或丝状聚集体,例如形成细胞收缩系统的肌动蛋白和肌球蛋白以及作为微管主要成分的微管蛋白都属于这一类蛋白。细胞分裂期的有丝分裂纺锤体以及鞭毛、纤毛等都涉及微管蛋白。另一类参与运动的蛋白质称为动力蛋白,它们可以驱使小泡、颗粒还有细胞器沿着微管轨道移动。

(6) 结构成分。蛋白质另一个重要功能是建造和维持生物体的结构。这类蛋白质称为结构蛋白,它们给细胞和组织提供强度和保护。结构蛋白的单体一般聚合成长成纤维或纤维状排列的保护层。这类蛋白多数是不溶性纤维状蛋白质,如构成毛发、角、指甲的 alpha -角蛋白,以及存在于骨骼、韧带中的胶原蛋白。

(7) 支架作用。某些蛋白在细胞应答激素和生长因子的复杂过程中起作用,这类蛋白称为支架蛋白或接头蛋白。支架蛋白都有一个组件组织,蛋白质结构的特定部分通过蛋白-蛋白相互作用能识别并结合其他蛋白质中的某些结构元件。例如,SH_2 组件能与含有磷酸化残基的蛋白结合。因为支架蛋白常含有多个不同组件,在它上面可以将多种不同蛋白质装配成一个多蛋白复合体。这种复合体参与对激素和其他信号分子的胞内应答的协调和通信。锚定和导向蛋白也属于这一类。

(8) 防御和进攻。与一些结构蛋白的被动性防护不同,一类确切地被称为保护或者开发蛋白在细胞的防御、保护和开发方面的作用是主动的。保护蛋白中最突出的是脊椎动物体内的免疫球蛋白或称抗体。抗体是在外来的蛋白质或其他高分子化合物即所谓抗原的影响下由淋巴细胞产生,并能与相应的抗原结合而排除外来物质对生物体的干扰。另一类保护蛋白是血液凝固蛋白、凝血酶原和血纤蛋白原等。南极鱼和北极鱼含有抗冻蛋白,能防止在低于零摄氏度水温下的深海处发生血液冷冻。

5.2　天然氨基酸与蛋白质的化学结构

蛋白质分子是一类结构极其复杂的生物大分子,其功能多样性的基础是分子结构的多样性和复杂性。

尽管蛋白质具有极其复杂的总体结构,但在化学上它们都是由 20 种天然氨基酸按特定的顺序通过肽键连接形成的具有有限长度的多肽链,不同蛋白质间最基本的差别是其组成多肽链的氨基酸序列和长度的不同。

5.2.1　天然氨基酸

氨基酸是构成蛋白质的基本单位。在所有蛋白质中,存在 20 种天然出现的氨基酸,在生命体内被合成并连接为多肽链,其顺序由编码相应的蛋白质的 DNA 序列所决定的。

20 种天然氨基酸中,19 种都具有以下的化学结构:

$$NH_2 - \underset{\underset{R}{|}}{C} - COOH$$

其中,中心碳原子除结合一个氢原子外,还分别连接一个氨基和一个羧基,构成了氨基酸的主链,这在所有 20 种天然的氨基酸中都是相同的。R 是氨基酸的侧链;不同的氨基酸的区别就是其侧链 R 的化学结构不同。另外一种结构类似,却又稍显不同的是脯氨酸,脯氨酸的侧链与主链氮原子共价结合形成一个亚氨基酸。

20 种天然的氨基酸由于其侧链的不同,具有不同的化学性质,而蛋白质是由这些氨基酸通过不同的顺序排列而成的,所以蛋白质的性质或多或少地取决于构成它的氨基酸的性质;了解每个氨基酸的一些性质,对于了解蛋白质的整体性质会是有所帮助的。氨基酸的结构如图 5 - 1 所示。下面简要地对氨基酸的特性做一个分类。

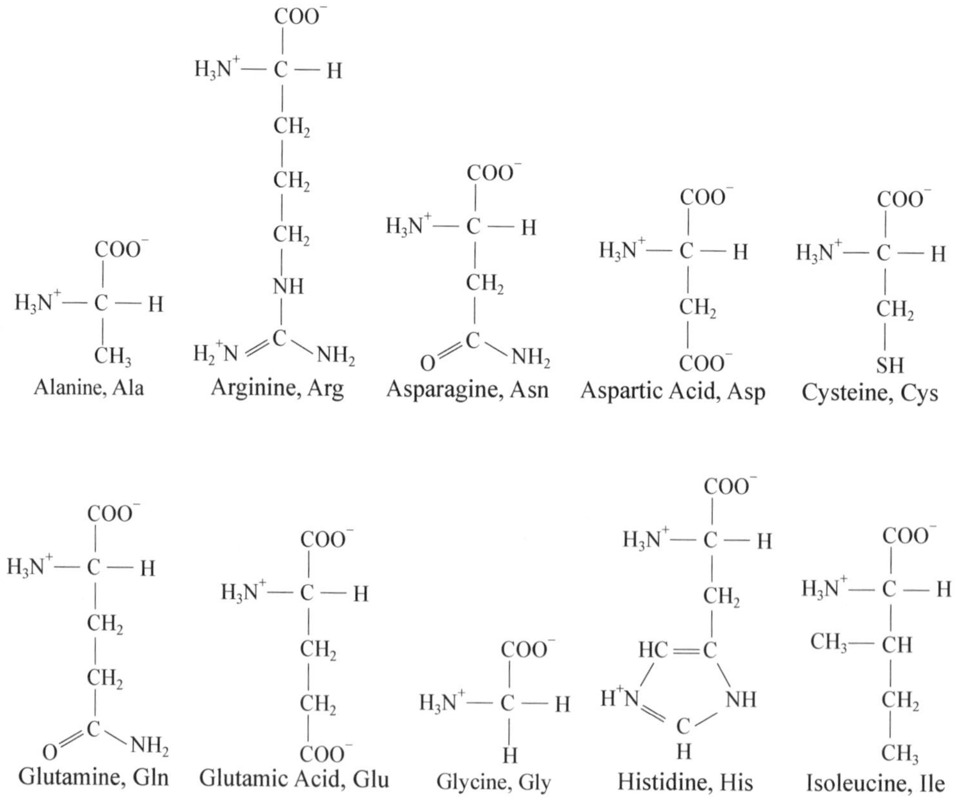

Alanine, Ala Arginine, Arg Asparagine, Asn Aspartic Acid, Asp Cysteine, Cys

Glutamine, Gln Glutamic Acid, Glu Glycine, Gly Histidine, His Isoleucine, Ile

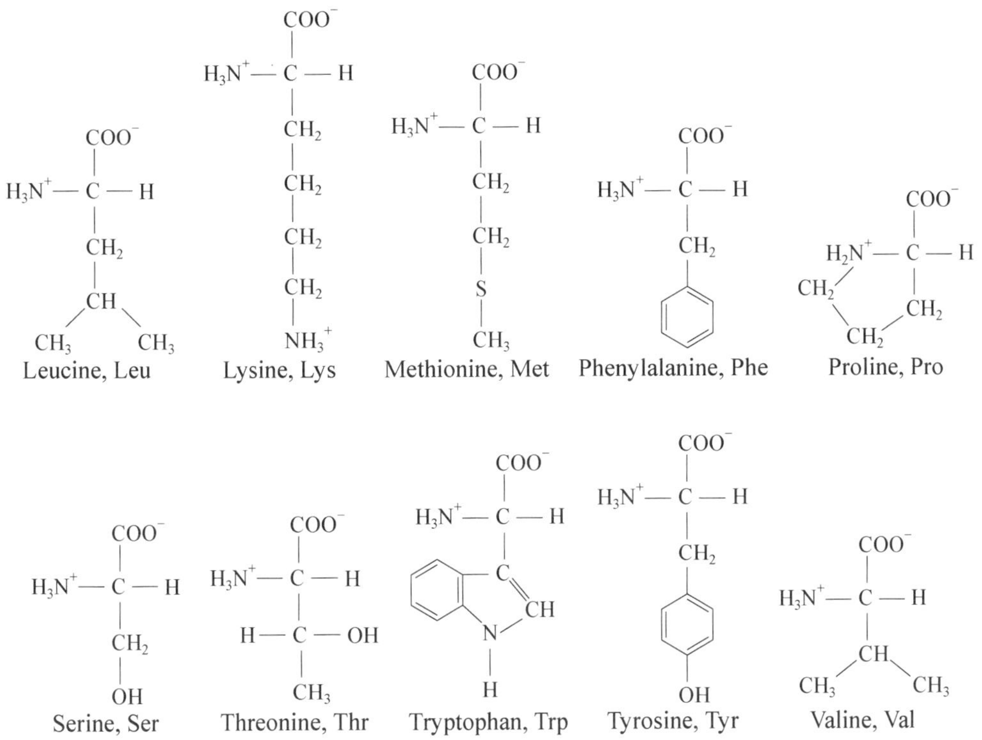

图 5-1　20 种氨基酸的化学结构

（1）疏水氨基酸。疏水氨基酸包括 Ala、Val、Leu、Ile、Met、Pro、Phe。这类氨基酸的侧链一般都没有化学反应性，其共同的特性是疏于与水相互作用，趋于彼此间或与其他非极性原子产生相互作用。所有蛋白质分子内部都有一部分这类残基密堆积，形成疏水内核，这是稳定蛋白质三维结构的主要因素。这类残基的疏水相互作用被认为是多肽链折叠的原处推动力。

（2）极性氨基酸。极性氨基酸包括 Ser、Thr、Asn、Gln、Cys、His、Tyr 和 Trp。它们的侧链都含有极性基团，可以是氢键的给体或受体，并且有不同程度的化学反应性。在蛋白质三维结构中，靠近的两个半胱氨酸常常可以被氧化形成二硫键，作为一个合成的结构单位，被称为胱氨酸，所以二硫键一般并不存在于细胞内蛋白质中，因为那里主要是一个还原环境。二硫键常常出现在由细胞分泌出来的胞外蛋白质中，在真核生物中，二硫键在内质网的间隙中形成。二硫键可以稳定蛋白质三维结构。在一些蛋白质分子中它可以将不同的多肽链连接在一起。经常出现在分子内的二硫键可稳定蛋白质的折叠,使蛋白质不易被降解。

(3) 荷电氨基酸。荷电氨基酸包括 Asp、Glu、Arg 和 lys。它们的侧链在生理条件下都可以被解离,使其带上负电荷(Asp、Glu)或正电荷(Arg、Lys)。Asp 和 Glu 是酸性残基,其侧链羧基的 pKa 值分别为 3.9 和 4.3,所以在生理条件下离解为点负性基团;它们也可以整合金属离子。这两种残基的侧链间仅相差一个 - CH3,具有不同的长度,这使它们对主链的相互作用有不同的趋向性,从而对肽链的构象和化学反应都有显著不同的影响。Lys 的侧链在 4 个甲基连成的脂肪链上带一个末端氨基,其 pKa 值为 11.1,故在大多数生理条件下是解离的,但一般总有一些非离解成分,具有很强的亲核性,因此 Lys 侧链上的氨基很容易发生酰化、芳基化和咪基化等反应。Arg 侧链由 3 个非极性的甲基和一个强碱性的胍基构成,pKa 值约为 12,其胍基在天然蛋白质存在的整个 pH 范围内都是解离的。解离的胍基由于共振呈平面,其正电荷分离于整个基团。在质子化形成中,胍基无反应性,存在于生理 pH 中只有很少量的非解离胍基。

5.2.2 蛋白质的化学结构

蛋白质的结构错综复杂,总结归纳后通常可以分为一级结构、二级结构、结构模体、结构域、三级结构和四级结构。

1) 肽键

两个氨基酸可以通过缩合反应结合在一起,并在两个氨基酸之间形成肽键,而不断地重复这一反应就可以形成一条很长的多肽链。这一反应是由核糖体在翻译进程中催化造成的。肽键虽然是单键,但具有部分的双键性质,因此肽键不能旋转,从而连接在肽键两端的基团处于一个平面上,这一平面就被称为肽平面。而对应的肽二面角 Φ 和 Ψ(肽平面绕 $C\alpha - C1$ 键的旋转角)有一定的取值范围;一旦所有残基的二面角确定下来了,蛋白质的主链构象也就随之确定。根据每个残基的 Φ 和 Ψ 来作图,就可以得到 Ramachandran 图。由于形成同一类二级结构的残基的二面角的值都限定在一定范围内,因此在 Ramachandran 图上就可以大致分辨出残基参与形成哪一类二级结构。

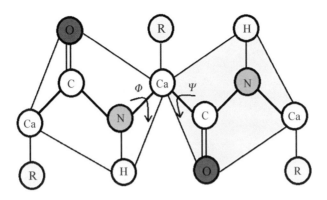

图 5-2 二面角 Φ 和 Ψ 示意图

（其中有颜色部分表示的是肽平面）

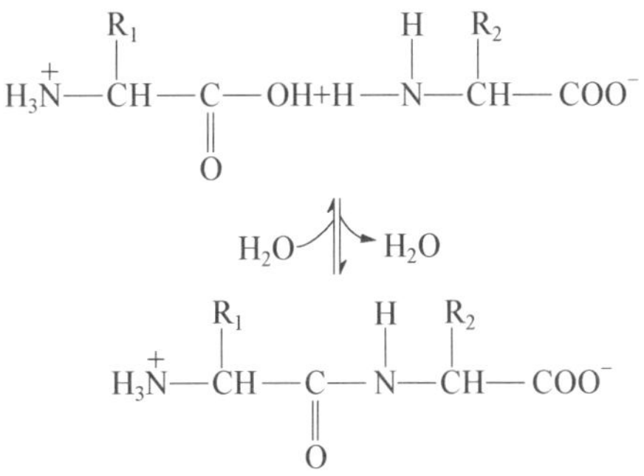

图 5-3 两个氨基酸通过脱水形成肽键示意图

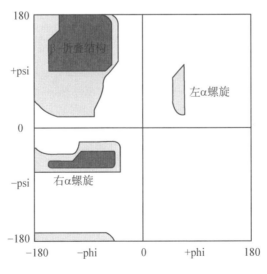

图 5-4 Ramachandran 构像图

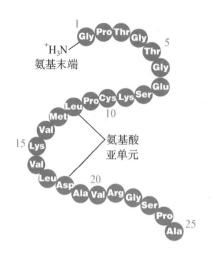

图5-5 蛋白质的一级结构示意图

2）一级结构

一级结构是指多肽链中氨基酸排列的顺序。在有二硫键的蛋白质中，一级结构的内容也常包含二硫键的数量和配对方式。一级结构是蛋白质结构层次体系的基础，它是决定更高层次结构的主要因素。一级结构决定高级结构，这是结构生物学中的基本原理。

3）二级结构

如果多肽链为规则折叠，在一段连续的肽单位中具有同一相对取向，可以用相同的构象角来表征，构成一种具有特征的多肽链线性组合，称为蛋白质的二级结构。二级结构是多肽主链局部区域的规则结构，它不涉及侧链的构象和多肽链其他部分的关于 α 螺旋和 β 片的最重要的两种二级结构。它们的结构如图 5-6 所示。已经提出蛋白质二级结构模型很多，但在天然蛋白质结构中已经观察到的主要的二级结构包括以下部分。

（1）α 螺旋。α 螺旋是被首先肯定的一种蛋白质空间结构的基本组件，并被证实普遍存在于各种蛋白质中。在天然蛋白质结构中发现的主要是右手型螺旋，在标准螺旋中，(Φ, Ψ) 角度值为 $-57°$ 和 $-47°$，位于拉氏构像图第三象限的允许区内。每圈螺旋由 3.6 个氨基酸残基组成，每个氨基酸残基沿螺旋轴的长度为 0.150 nm，故一圈螺旋的螺距为 0.54 nm。螺旋上每个残基的 $C^1=O$ 基与后面第 4 个 $(n+4)$ 残基的 NH 形成氢键，ON 间的距离大约为 0.286 nm。沿主链计数，一个氢键闭合的环包含 13 个原子，故螺旋也称之为 3.6_{13} 螺旋。除了第一残基的 NH 和最末一个残基 $C^1=O$ 外，螺旋中所有 $C^1=O$ 基和 NH 基都相互形成氢键，构成螺旋稳定的重要因素，这使得螺旋具有极性，并常常出现在蛋白质的表面。螺旋的 N、C、O 原子与螺旋轴的距离分别为 0.157 nm、0.161 nm、0.176 nm，比它们的范式半径仅大约 0.01 nm，因此 α 螺旋中心没有空腔，具有原子密堆结构，这是其稳定的一个重要因素（见图 5-6）。

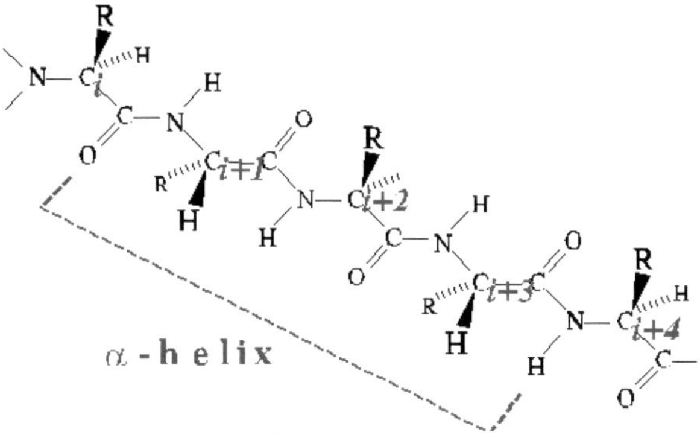

图 5-6 螺旋形状图

（2）β层。β层是天然蛋白质中另一种基本的结构构件，几乎在所有蛋白质中都发现存在该结构。β层的基本结构是β链，它在多肽链中具有几乎全伸展的构象，可将其视为每圈具有两个氨基酸残基且每个残基有平移的特殊螺旋，位于拉氏构像图的第一象限中。这种伸展的单链构象是不稳定的，因为其组成原子间没有相互作用，只有当一股β链与另一股β链间以主链氢键相连，组合成β层时，它们才能稳定，所以，在蛋白质结构中出现β链都是以β层方式存在的，它们一般包括 5～10 个氨基酸。

平行和反平行β层。β层的组织方式与螺旋有明显的不同，螺旋是由一条多肽链在序列上相近的连续区构成的，β层则是由序列上离得很远的（分子内）或不相关的（分子间）不同多肽链区域组合而成的。在β层中，来自不同位置的β彼此靠近，在链间组成与 NH 的氢键，形成层状结构。几条β链形成的β层并非是完全平面的，侧链的取向上下交替，所以β层在早期被称为β折叠层。

β层中的肽链可以平行或反平行方式产生互相作用，在蛋白质结构中形成平行β层和反平行β层的两种基本类型。在平行β层中的所有β链都具有同一走向，即从氨端到羧端；在反平行β层中的相邻两条β链具有相反的走向，一条从氨端到羧端，另一条则从羧端到氨端。这两种β层中的链间氢键排列方式也不相同，在反平行层中出现的是窄对氢键，在平行层中出现的是宽对氢键，且与β链有一定的角度。在这两种β层中，所有主链间氢键都

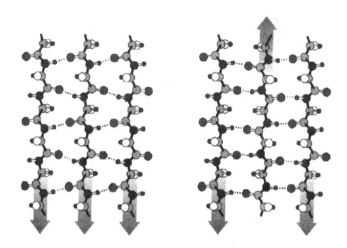

图5-7 平行β层(左)和反平行β层(右)图

以最大的可能方式形成。显然,β层可以由同一分子内同一肽链的不同区域或不同肽链的β链形成。β链也可以组成混合型β层,即一部分以平行方式排布,另一部分以反平行方式排布。β层的组织有很强的对抗混合层形成的趋向,在已知的蛋白质结构中大约有20%的β层以混合型出现在已知的蛋白质结构中,所有平行β层、反平行β层和混合型β层中的β链都是沿其前进方向不断扭转的肽链,从而使实际蛋白质结构中出现的β层都不是平直的层面,而是一种扭转层。

(3) 结构模体。在蛋白质中常常发现,有些序列上相邻的二级结构在三维折叠中也相互靠近,彼此特定的几何排布形成简单的组合,可以同一结构模式出现在不同的蛋白质中。这些组合单位称为结构模体;结构模体是一类超二级结构,它们是三级结构的建筑模块。有的模体与特定的功能相关,如与DNA结合的模体;许多模体并没有专一的功能,只是大结构和组装体的一个组成部分。

1° 螺旋-转折-螺旋模体(helix-turn-helix motif)。具有特定功能的最简单的模体是由一个环区连接的两段螺旋组成的,称为螺旋-转折-螺旋(HTH)模体。HTH模体在文献中也称为螺旋-环链-螺旋(helix-loop-helix)模体。已在许多蛋白质中发现两种这类模体,它们各自具有特征的几何学和氨基酸序列。一种是DNA结合模体(DNA-binding motif),专一地与DNA结合;另一种是钙结合模体(calcium-binding motif),它们对钙的结合是专一的。

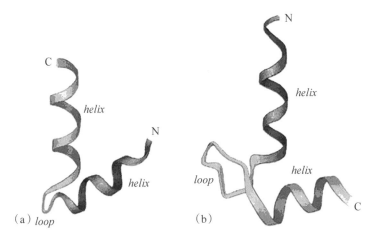

图 5-8　两种螺旋-转折-螺旋模体形态图

(a)DNA 结合模体；(b)钙结合模体

2° 发夹式 β 模体是两段相邻的反平行 β 链被一环链连接在一起构成的组合体，因取其形貌与发夹相似，故称为发夹式 β 模体(hairpin β motif)，也称为 β-β 组合单位(β-β unit)。这类模体在蛋白质结构中经常出现，特别在反平行 β 结构中发现最多。它们可作为单独的组合单位存在，也可以是更为复杂的 β 层的一部分。一般来说，β 层中在序列上相邻的 β 链都有强烈倾向形成这种模体，其 β 链间的环链长度可以不同，但大多由 2～5 个残基构成，没有特定的功能与这类模体相关联。

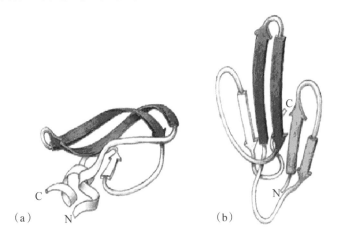

图 5-9　发夹式 β 模体形态图

(a)单组合模体(牛胰蛋白抑制剂)；(b)复杂 β 层中的 β 模体(半环尾蛇毒素)

3° 反平行 β 层回纹模体。4 段反平行 β 链常常以特定的来回往复方式组合,其形貌类似于古希腊钥匙上特有的回形装饰纹,故在文献中被称为希腊钥匙型模体,或者称为反平行 β 层回纹模体。这类模体并不与特定的功能相关,但常常出现在蛋白质结构中。经仔细分析发现,它们是通过长的反平行结构以特定的折叠方式形成的。

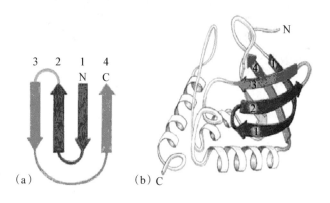

图 5 - 10 反平行 β 层回纹模体形成图

(a)拓扑图示;(b)葡萄球菌核酸酶结构中的回纹模体

4° β-α-β 模体。这是一种连接两股平行 β 链的结构元素组合。对 β 层中的两股反平行 β 链,它们的末端是靠在一起的,因此很容易被一段环链连接构成发夹式模体。如果被连接的是两股平行 β 链,情况就会复杂得多了。对于在序列上是连续的相邻的两股 β 链,则第一股 β 链只能在 β 层的相反端点才能被连接,因此多肽链必须从 β 层的一端穿到另一端才能将第一股 β 链与邻近的第二股 β 链连接起来。这种交叉连接常常由 α 螺旋来实现,其间多肽链必须通过环区转折两次,从而形成一种特定的二级结构元素组合,称为 β-α-β 模体(β-α-β motif)。几乎在所有含平行 β 层的结构中都有 β-α-β 模体存在,如三磷酸甘油异构酶就是由这种模体重复组合构成的,其中两个连续的模体共用一股 β 链;它们也可以视为 4 个连续的 β-α-β 模体的组合。

4) 结构域

二级结构和结构模体以特定的方式组织连接,在蛋白质分子中形成两个或多个在空间上可以明显区分的三级折叠实体,称为结构域。结构域是蛋白质三级结构的基本单位,它可由一条多肽链(在单域蛋白质中)或多肽链的一部分(在多域蛋白质中)独立折叠形成稳定的三级结构。一个分子中的结构域之间以共价键相连接,这是与蛋白质亚基结构(非共价缔合)的基本区别。一般来说,较大的蛋白质都有多个结构域存在,它们可以以非常不同的方式组合,从而以有限类型的结构域区组合成极为复杂多样的蛋白质整体结构。正是在结构域的基础上,才有可能对蛋白质进行结构分类。同时,结构域也是功能单位,不同的结构域常常与蛋白质的不同功能相关联。蛋白质可以由一个结构域构成,也可以由多达 10 个以上的结构域构成。由结构模体构成结构域的组合类型是有限的,一些组合具有明显的优势,因此相似的结构域常可以出现在功能和序列都不相同的蛋白质中,这就构成了在结构域水平对蛋白质进行结构分类的重要基础。

5) 三级结构

结构域在三维空间中以专一的方式组合排布,或者二级结构、结构模体及其与之相关联的各种环肽链在空间中的进一步协同盘曲、折叠,形成包括主链、侧链在内的专一排布,这就是蛋白质的三级结构。蛋白质的亚基和结构域是具有三级结构的蛋白质分子的亚单位。对于无亚基并只有单结构域的蛋白质,三级结构就是它的完整三维结构。对于大多数较大的蛋白质而言,它们具有多个结构域或亚基,需要通过这些三级结构单位的进一步组织才能形成完整的分子。

6) 四级结构

最早提出的四级结构概念是指蛋白质分子的亚基结构。许多蛋白质作为完整的活性分子,是由两条以上的多肽链所组成的,它们各自以独特的一级、二级、三级结构相互以非

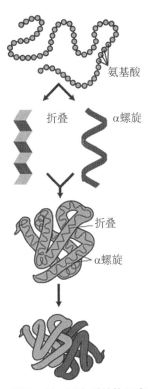

氨基酸

折叠　α螺旋

折叠

α螺旋

图 5 - 11　蛋白质结构示意图

共价作用联结,共同构成完整的蛋白质分子。这些肽链单位称为亚基,其聚合整体称为寡居体。多亚基蛋白质中的亚基的数目、类型、空间排布方式和亚基间相互作用的性质,都属于蛋白质四级结构的范畴。

此外,在稳定蛋白质三维结构的诸多因素中,溶剂中的水分子也具有重要作用。任何功能意义上的蛋白质的稳定和功能的发挥都依赖于介质与环境,最重要的也是共同介质与环境。现在知道,一定量的水分子结合在蛋白质表面的特定位置上,即大多结合在荷电或极性侧链周围有利于稳定分子内部,当其在活性位置时,不仅有助于局部结构的稳定,而且还直接参与功能的提升。大量水组成局部有序的介质环境对蛋白质的折叠和三维形成也有重要作用。因此,水也应视为构成蛋白质结构和功能整体的有机组成部分,是蛋白质结构组织中的重要因素。

5.3 蛋白质分子的理论设计和实验筛选

蛋白质设计是多学科交叉的,它涉及化学、生命科学、物理及计算机科学。蛋白质结构与功能的关系对于蛋白质分子设计是至关重要的。如果人们想改变蛋白质的性质,必须改变蛋白质的序列。

蛋白质设计原理是:

(1) 内核假设。蛋白质内部侧链相互作用决定了蛋白质的特殊折叠。一个非常简单和有用的关于蛋白质折叠的假设是,假定蛋白质独特的折叠形式主要由蛋白质内核中残基的相互作用所决定。所谓内核是指蛋白质在进化中保守的内部区域。在大多数情况下,内核由氢键连接的二级结构的单元组成。

(2) 几乎所有蛋白质内部都是密堆积,并且没有重叠。这个限制是由两个因素造成的。第一个因素是分子是从内部排出的,这是总疏水效应的一部分;第二个因素是由原子间的色散力所引起的,是由于短吸引力的优化。

(3) 所有内部的氢键都是得到最大满足的。蛋白质的氢键形成涉及一个交换反应,溶剂键被蛋白质键所替代。随着溶剂键的断裂所带来的能量损失将由折叠状态的重组以及可能释放一个结合的水分子而引起的熵的增益所弥补。

（4）疏水及亲水基团合理地分布在溶剂中，这种分布代表了疏水效应的主要驱动力。这种分布的正确设计不是简单的使暴露残基亲水，而是使埋藏残基疏水。至少有两种原因使图像复杂化。首先，侧链不总是完全的亲水，如赖氨酸有一个带电的氨基，但是连接到主链上的碳原子是疏水的，因此在建模过程中要在原子水平上区分侧链为疏水的还是亲水的。第二，正确的分布是要安排少许疏水基团在表面，少许亲水基团在内部。

（5）在金属蛋白中，配位残基的替换是要满足金属配位几何。这要求围绕金属中心放置合适数目的蛋白质侧链或溶剂分子，并符合正确的键长、键角以及整体几何形状。

（6）对于金属蛋白，围绕金属中心的第二壳层中的相互作用是重要的。大部分配基含有多于一个能与金属发生作用或能形成氢键的基团。如果一个功能基团与金属结合，另外几个功能基团就可以自由地采取其他的相互作用方式。总结金属蛋白的结构表明，这些第二基团总是参与围绕金属中心的氢键网络。氢键的第二壳层通常涉及与蛋白质主链的相互作用，有时也参与同侧链或水分子的相互作用。这些相互作用起到了两个作用。第一个作用是符合蛋白质折叠的热力学要求；第二个作用是这些氢键可以固定在空间的配位位置上。

（7）最优的氨基酸侧链呈几何排列。蛋白质中侧链构像是由空间两个立体因素所决定的。首先侧链构像是由旋转的每条链的立体势垒所决定的，其择优构象可以通过实验统计测量，也可以由第一原理计算得到。第二个因素是由氨基酸在结构中的位置所决定的。蛋白质内部的密堆积表明，在折叠状态时，侧链构象只能采取一种合适的构象，即一种能量最低的构象。

（8）结构及功能的专一性。形成独特的结构，独特的分子间相互作用是生物相互作用及反应的标志。

以上的方法是从理论或者计算的角度，来对蛋白质分子的性质做出设计性的改变。另一个改变蛋白质分子性质的方法是通过实验来直接完成，利用分子生物学技术和蛋白质工程技术来定向地进化蛋白质分子，以筛选出具有期望特性的蛋白质分子。

目前,常见的 DNA 文库的建立方法主要有基因组的随机突变法、易错PCR法、定点诱变法和 DNA 改造法。下面,我们将对这些方法一一进行描述。

(1)基因组的随机突变法。自然界的进化主要依靠概率很低的随机突变,提供丰富多彩的生物大分子库。模仿自然的方法,我们同样可以通过提高基因组突变的概率和缩短突变的周期来提高文库的样本数目。导致基因组突变的方式有:天然的随机突变和物理化学方法的诱导突变。其中,诱导突变常用于文库的建立,常见的诱导突变有化学诱导突变,如通过使用强氧化剂等;放射性诱导突变,如紫外线诱导突变等。这些诱导突变的效率可以达到每个碱基 $10^{-4} \sim 10^{-9}$,这比天然的 $10^{-9} \sim 10^{-10}$ 的突变效率要高得多。

(2)易错 PCR。PCR 技术是利用 DNA 聚合酶作为工具,对目标 DNA 模板进行体外链式扩增的一种方法。DNA 聚合酶的活性和 PCR 反应条件控制着聚合反应的精度和效率。因此,使用不同的 DNA 聚合酶和 PCR 反应条件均能够有效地调节反应的精度。当前,PCR 技术已经成为对生物大分子进行精确扩增的最重要的方法。同样,利用这个原理,如果在特定的情况下 PCR 反应的精度很低,那么就能够创造一个错误率很高的目标片段文库,在这个文库中每个碱基错配的概率还是相同的。研究发现,在高盐和添加剂存在的条件下,Taq 聚合酶的 PCR 反应的错误率可达 0.7%,因此我们很容易通过 PCR 法构建一个标准的文库。使用易错 PCR 法是在目标基因已知的情况下构建随机生物大分子文库最简单高效的方法,该方法能够涵盖所有的文库分子,并且可以在一组反应里完成。

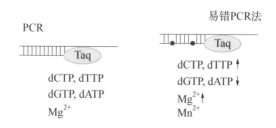

图 5 - 12 易错 PCR 法基本原理示意图

（3）定点诱变。定点诱变是在目标基因已知的情况下，进行特定修饰的最好办法。在目标蛋白相关信息的基础上，结合人工的合理设计，进行定点诱变能够节约时间，提高效率。进行定点诱变的方法有很多，常用的有引物诱导的定点突变、盒式定点诱变和 PCR 点突变技术等。

引物诱导的定点突变能够用于单点、多点突变，而点插入和点删除是定点诱变中最简单的一种方法，只需要设计一对引物，并令这对引物与原来的序列互补，在需要改变的地方做相应的改变，并通过 PCR 的方法进行扩增，就可以通过筛选的办法从混合物中得到突变体。目前，市场上可以购买到多种引物诱导的定点突变试剂盒。这种突变的方法也是我们自己实验室中最为常用的蛋白质突变途径。该方法具有稳定和高效的优点。

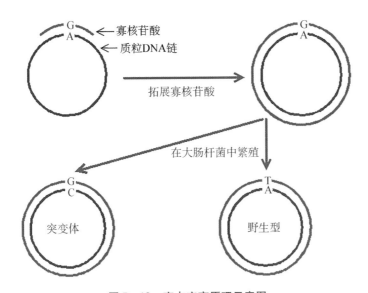

图 5-13　定点突变原理示意图

盒式定点诱变被广泛地应用于文库的构建中。进行盒式定点诱变时要求载体含有限制性内切酶的位点，并将人工合成的含有限制性内切酶位点的片段插入到已经用限制性内切酶处理的载体上，进行连接操作。文库的多样性由合成的片段决定。

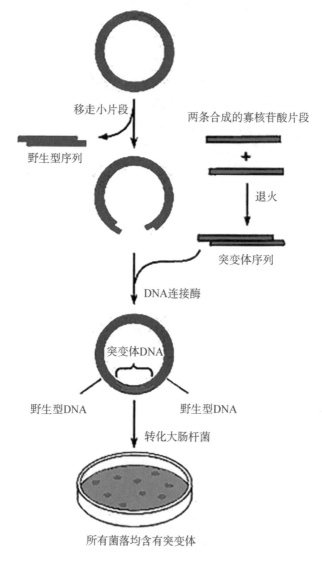

移走小片段

野生型序列

两条合成的寡核苷酸片段

+

退火

突变体序列

DNA连接酶

突变体DNA

野生型DNA   野生型DNA

转化大肠杆菌

所有菌落均含有突变体

图 5-14 盒式定点诱变原理示意图

目前,我们的 DNA 合成仪可以自动化地、精确地高效合成数百个核苷酸链,这样,我们就可能通过人工合成的方法来构建丰富的数据库,合成的过程中还可以结合目标分子的相关信息进行合理设计。

(4) DNA 改组技术。DNA 改组技术(DNA shuffling)是 20 世纪 90 年代新发展起来的技术。相比于其他几个技术,DNA 改组技术最大的优点是可以快速实现同源基因的重组,从而能够在几天内完成自然界基因的重组过程。使用 DNA 改组技术还能够进行多次循环重复的选择,得到最为理想的重组子,统计结果认为,DNA 改组技术在大分子定向进化效率上要 10 倍的优于随机进化技术。

　　DNA 改组技术通常是把模板 DNA 用限制性内切酶的方法切割成小片段的 DNA,然后往切割完的体系中加入 DNA 聚合酶做无引物的扩增。这个时候由于片段切点不同会存在一些能够互补的片段,在互补片段的末尾,DNA 聚合酶能够完成 DNA 复制,生成新的片段。进行多次无引物的 PCR 实验就能够得到全长类似于模板的产物,然后对得到的模板产物重复以上步骤就能得到一个较大的文库。这个文库就是将模板的 DNA 进行随机重组。文库中的分子包含了人工理性的设计,同时又有很好的随机性,因此非常适合于 DNA 的定向进化设计,用于优化特定的生物大分子。如果通过引物扩增的办法将文库的分子进一步放大,就可以高效地构建一个生物大分子的定向进化库。目前,这个技术被广泛应用于生物大分子的进化设计中。

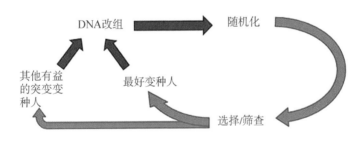

图 5-15　DNA 改造技术

第6章

绿色荧光蛋白的发展和应用

6.1 绿色荧光蛋白的发现和基本性质

6.1.1 绿色荧光蛋白的发现

绿色荧光蛋白(green fluorescent protein，GFP)最早是由日本科学家下村脩在海洋生物水母体内所发现的。实验室首次报道了 GFP 的发射谱线，发射峰是在 508 nm 处。到二十世纪末一个非常重要的进展是 Prasher 和同事克隆了编码为 GFP 的基因，然后，有两个实验室独立在大肠杆菌和秀丽线虫中表达了 GFP，并观察到了荧光，这证明 GFP 的发光不需要任何水母体内独有的因子，蛋白质序列本身已经包含了所有发光所需要的信息。

自然界中的绿色荧光蛋白存在于一系列的腔肠动物(coelenterate)中，包括水螅纲(hydrozoa)和珊瑚类(anthozoa)动物。除了水母中的 GFP 外，只有珊瑚虫中的 GFP 被做了较好的生化表征。另外，一些发光的生物体内也存在一些光学蛋白质，但是这些蛋白质的光学基团(chromophore)似乎都需要一些外界因子来使其具备发光的能力，这些外界因子包括 2,4 -二氧四氢蝶啶或者核黄素，这对于将它们用作生物体内的成像应用是一个非常不利的因素。例如藻胆蛋白(phycobiliprotein)，能够发出很强的荧光，并且发出的荧光波长要远长于 GFP 所发出的 508 nm 波长，但是它要用到四吡咯作为它的底物。至今,还没有实验能够成功地在外源生物中将四吡咯正确地插入藻胆蛋白中使其发出荧光。总体来说,水母体内的 GFP 及其变异体仍是迄今为止应用最为广泛的荧光蛋白。因此,下面将重点阐述水母中提取的 GFP 或者它的变异体的性质和应用。

6.1.2　绿色荧光蛋白的基本性质

1) GFP 的一级序列和高级结构

蛋白质的一级序列最早是在 Prasher 等人克隆了编码绿色荧光蛋白的基因之后才测定的,如图 6-1 所示。同时,还有其他几个突变体也已为人们

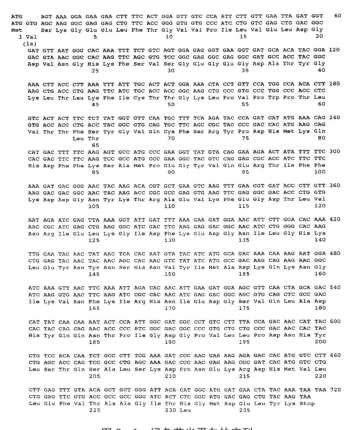

图 6-1　绿色荧光蛋白的序列

(图中的第一行(60)表示的是野生型绿色荧光蛋白的基因;第二行表示的是序列改进后,适合在人体中表达的绿色荧光蛋白质相应的基因序列;第三行表示的是野生型绿色荧光蛋白的氨基酸序列;第 4 和第 5 行表示氨基酸的位数,还有 EGFP 序列和 wt-GFP 之间的不同。)

所知,但这些突变都存在于非关键位置。大多数 cDNA 包含原始的 Q80R, 这个突变可能来自一个 PCR 的错误,但对于蛋白的性质是一个沉默突变。 并且,为了应用 GFP 在哺乳动物细胞内成像时有好的表达效率,编码 GFP 的 DNA 序列的密码子也被进行过优化。

GFP 的荧光基团是由 3 个连续的氨基酸所构成的,在野生型 GFP 中分别是 65,66,67 位的 Ser-Tyr-Gly 所构成的。一般认为,GFP 中荧光基团的成熟需要经历数个过程。首先,GFP 的多肽链先折叠形成一个接近天然构象的结构,然后会经历一系列的自催化的翻译后修饰,经脱水和氧化生成成熟的荧光基团。具体的荧光基团成熟过程如图 6-2 所示。图中可以注意到,氧分子参与了荧光基团成熟的反应过程,氧气是 GFP 表达出之后发出荧光的必要成分。另外,当 GFP 在缺氧的环境中表达出来之后,荧光强度随时间的恢复关系呈现单指数,而且这个关系几乎不受 GFP 浓度或者细胞内其他因子的影响。GFP 荧光基团成熟需要氧分子参与氧化直接导致了 H_2O_2 的生成。这可以解释为什么有时候在 GFP 高表达量的时候可能会对宿主细胞产生伤害。这也可以解释为什么共表达过氧化氢酶在某些高水平表达 GFP 的细胞当中可以提高细胞的存活率。

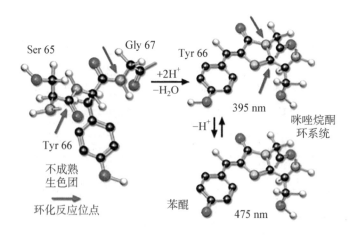

图 6-2 荧光基团的形成机制示意图

2) GFP 的空间结构

20 世纪末,人们才第一次获得了野生型 GFP 和突变体 GFPS65T 的晶体结构。GFP 主要是一个由 beta 片所构成的蛋白,其中总共有 11 个 beta 片。这 11 个 beta 片在空间上非常紧密地两两平行或者反向平行地排列在一起,空间上构成一个桶形结构。在这个 beta 桶的内部有一个 α 螺旋,荧光基团就是由这个螺旋上的 3 个连续的氨基酸所构成的。

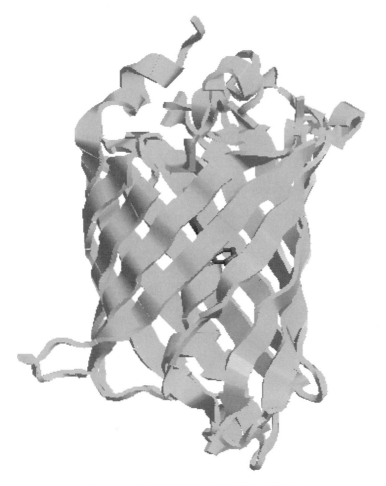

图 6 - 3　绿色荧光蛋白空间结构的侧视图

注:11 个 beta 片紧密的排列构成一个桶状的结构,在这个桶的内部有一个 α 螺旋,螺旋上的 65～67 位的 S－Y－G 构成了荧光基团。

3) GFP 的二聚化

野生型 GFP 的晶体结构中,GFP 以二聚化形式存在。二聚化的界面包括疏水残基 Ala206、Leu221 和 Phe223,还有亲水残基 Tyr39、Glu142、

Asn144、Ser147、Asn149、Tyr151、Arg168、Asn170、Glu172、Tyr200、Ser202、Gln204 和 Ser208。虽然，相同的野生型 GFP 也能够作为一个单体被结晶，同晶型于突变体 GFPS65T。尽管 GFP 在环境中的浓度几乎不会比在一个晶体中的浓度更高，但 GFP 是否形成二聚体很大程度上取决于 GFP 晶体的生长方式，所以野生型 GFP 形成二聚体并非是 GFP 内在的性质。GFP 二聚化的解离常数大致是在 100 μM 上下。相比之下，珊瑚虫 GFP 则是一个强制的二聚体，仅仅是在变性的条件下才会解离。

4) GFP 折叠和荧光特性的改进

野生型 GFP 在室温或者低于室温的环境中折叠效率相当的高，但是随着温度的上升，它的折叠效率迅速下降。温度仅仅影响野生型 GFP 的折叠过程，已经成熟的野生型 GFP 至少在 60℃ 的温度下都会是稳定的。由于哺乳动物的细胞最佳的生长温度是 37℃，所以要把 GFP 成功地应用于哺乳动物的细胞内成像观测，必须提高 GFP 在"高温"环境下的折叠能力。

有研究者利用 DNA 同源重组技术（DNA shuffling）筛选出了一个突变体 GFPF99S/M153T/V163A，这 3 个突变能够使 GFP 在 37℃ 的环境下更好地折叠，降低蛋白的二聚化倾向，并且可以增加蛋白质在细胞内的扩散性。M153T/V163A 在提高 GFP 折叠效率方面所起的积极作用也被随机突变筛选所证实。

野生型 GFP 有两个吸收峰，分别位于 395 nm 和 470 nm 处，其中位于紫外波段 395 nm 处的吸收峰是主吸收峰，所以对于野生型 GFP 最有效的激发光是紫外线。由于紫外线对生命体潜在的副作用，还有短波长的光线通常会更多地激发细胞的自荧光（auto-fluorescence），所以 GFP 的这个特性对于将它应用于活体细胞内的成像实验是非常不利的。有许多工作试图将 GFP 的吸收光谱的主吸收峰移动到可见光的波长范围内，研究者通过实验发现，S65T 单点突变可以使 GFP 的吸收光谱的主峰完全的移动到 489 nm 处，而且原本位于紫外波段的吸收峰几乎完全消失了。正如野生型 GFP 一样，GFPS65T 在室温或者低于室温的条件下折叠效率都很高，但随着温度的提升，它的折叠效率陡然下降。接下来另一个重要的突破是，人们发现 F64L

突变可以帮助 GFPS65T 在 37℃ 的温度下更好地进行正确折叠。至此,拥有 F64L 和 S65T 双突变的 GFP 在以后被同仁称为增强型绿色荧光蛋白 (enhanced green fluorescent protein,EGFP),并且被积极地推广。这个蛋白在今后的荧光蛋白体内的成像应用中有着广泛的前途,它是我们自己实验室构造的生物传感器蛋白所使用的模板蛋白。

5) GFP 的颜色变异体

(1) 黄色荧光蛋白。在 GFP 的晶体结构被解析出来之后,人们发现,第 203 位的氨基酸残基苏氨酸和荧光基团的空间位置非常靠近,所以人们选择性地把这个氨基酸突变为芳香族的氨基酸(T203Y),以此来稳定激发态下荧光基团的偶极矩,这个突变被证实可以使蛋白的激发和发射光谱的峰位移动大致 20 nm,使蛋白呈现出黄绿色的荧光。这个 GFP 变异蛋白被称为黄色荧光蛋白(YFP)。经这个蛋白的进一步突变,就得到了增强型的黄色荧光蛋白(enhanced yellow fluorescent protein)。EYFP 在成像实验中提供了更多的标记蛋白颜色的选择,为多荧光分子共成像提供了可能。而且它与后来所发展起来的青色荧光蛋白(CFP)所构成的荧光蛋白在荧光共振能量转移中有着非常广泛的应用,但是 YFP 中 $\pi-\pi$ 键的形成,使得 YFP 对环境有着过度的敏感性,尤其是对氯离子和 pH 值,这对于 YFP 的一些成像应用有着非常不利的影响,所以有非常多的研究者希望能够降低 YFP 对氯离子和 pH 值的敏感性。在下一章中,将介绍我们自己实验室的一个降低 YFP 对 Cl^{-} 敏感性的工作。

(2) 蓝色和青色荧光蛋白。荧光蛋白的荧光基团主要是由第 66 位的酪氨酸所构建的,而除了酪氨酸,色氨酸也具有一定的光学性质,所以有研究者想到将这个酪氨酸突变为色氨酸,研究者发现这个突变可以产生一个青色荧光蛋白。这个蛋白在以后的研究中有着广泛的应用,特别是在作为 YFP 的供体应用于 FRET 中时。在后来对第 66 号氨基酸位点所进行的随机突变筛选中,人们发现,如果把第 66 位的酪氨酸突变为组氨酸,则会得到另外一个能够发出蓝色荧光的荧光蛋白。

(3) 红色荧光蛋白。光线的波长越长穿透力也越强,为了不仅能将荧光蛋白应用于细胞内成像,而且也能够应用于动物体内成像,因此,构造一个能发射出橙色、甚至能发射出红色荧光的荧光蛋白就显得非常的必要。最早，人们试图以 GFP 为模版，通过定点突变或者随机突变来获得能够发出橙色、甚至红色的荧光蛋白，但这些努力都没有成功，因此人们开始在其他的生物体内寻找新的荧光蛋白质，第一个红色荧光蛋白是在海葵 Discosoma striata 中发现的，被称为 DsRed。DsRed 的主发射峰位于 583 nm 处。后来，还陆续有其他的一些红色荧光蛋白从珊瑚礁生物中分离出来，比如 HcRed1，它的发射峰位于 618 nm 处。

6.2 绿色荧光蛋白及其突变体的应用

在自然界中，荧光蛋白起源于 500 多万年以前的一个物种，这个物种是文昌鱼和水母共同的祖先。蛋白质工程已经改进了水母中绿色荧光蛋白和其他自然界中存在的一些荧光蛋白的特性。尽管很多进展都发生在 20 世纪 90 年代中后期，改进和更好地应用荧光蛋白的研究至今都非常的活跃。荧光蛋白的应用简单地分为两类，一类是被动的应用，而另一类则是主动的应用。

6.2.1 荧光蛋白"被动的应用"

相比其他的荧光技术（如合成的染料或者量子点），荧光蛋白作为一类生物分子，它与生命体的天然的相容性和可基因编码性为荧光蛋白在生物技术、特别是生物成像方面的应用提供了得天独厚的优势。荧光蛋白经常被用作一种全细胞的标记物，或者某个基因启动子激活的报道分子。另一个非常多的应用，是把荧光蛋白和某个目的蛋白作融合表达，然后对目的蛋白进行观测，而且荧光蛋白在目的蛋白的 N 端或者 C 端融合通常不会影响目的蛋白本身的生物学功能，所以通过这种方式，对许多蛋白在细胞内各个亚细胞器中的分布都可以进行研究。对于不适合将绿色荧光蛋白融合在 N 端或者 C 端的蛋白质（可能是对蛋白天然的生物学功能有所干扰或者不能提供足够的信号），可以尝试将荧光蛋白插入到目的蛋白表面的 loop 区域里。

不同颜色的荧光蛋白让人们可以同时对多个不同的目的蛋白进行标记,并且来观测和确定它们在细胞内的位置和在细胞内的动力学行为。在一个非常有意思的工作中,研究人员成功地用同一束激发光同时观测了单一细胞内 6 种不同颜色的荧光蛋白所标记的目的蛋白。用配置有滤波装置的宽视野显微镜,同时观测 3 个或者 4 个不同颜色的荧光蛋白在一些实验室已经是习以为常的实验操作了。很多时候,能够了解两种蛋白质在细胞内的位置是否大致相同,对于了解许多生物现象会很有帮助。曾经有工作者尝试对这个问题做出系统的回答,研究人员研究了 4 000 多种不同的蛋白质和 11 种酵母菌体内重要的蛋白质的位置关系,研究的方法是将 4 000 多种不同的蛋白质和 GFP 分别做融合表达,再将这 11 种重要蛋白质分别和红色荧光蛋白做融合表达,然后通过荧光的重叠程度来确定它们的位置关系。在高等动物体内的类似实验应该很快会展开了。

6.2.2 绿色荧光蛋白的"主动应用"

1) 蛋白质相互作用的观测

能够对两种蛋白的空间位置进行观测,是研究蛋白质相互作用的先决条件,但这还不够充分。研究人员利用荧光蛋白发展了一系列探测蛋白相互作用的可靠的方法,比如所谓的双分子荧光互补方法(BiFC)。在这个方法当中,荧光蛋白被人为地分为了两部分,并把这两部分和需要检测相互作用的蛋白质分别融合。由于这些自由的荧光蛋白片段相互间仅有较低的亲和力,但如果和它们相融合的蛋白质之间能够有互相作用,这两个荧光蛋白片段在目的蛋白相互作用时空间位置的靠近,使它们能够重新自我组装形成一个完整的荧光蛋白(见图 6-4(a))。但是,这个方法也有局限性,当荧光蛋白片段处于高浓度下时,荧光蛋白的片段将会自发地重新自我组装,产生完整的荧光蛋白,从而导致假阳性结果的产生。另一方面,由于使用荧光蛋白的自我组装是一个非可逆过程,所以这个方法并不能够用来检测复合蛋白体的解离过程。

另一个主流的利用荧光蛋白来检测蛋白质相互作用的方法是基于荧光共振能量转移(forster resonance energy transfer,FRET)原理。FRET 是一个非辐射的量子力学过程,FRET 既不需要碰撞,也不会产生热量。FRET 的发生需要一个供体和一个受体,供体的发射光谱和受体的激发光谱会有部分的重叠。这样,在供体和受体互相靠近的时候,供体所发射的光线可以激发受体,这样即产生荧光共振能量转移(见图 6-4(b))。

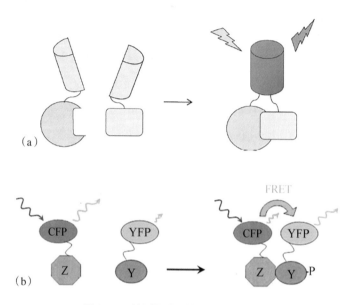

图 6-4 检测蛋白质相互作用示意图

(a)利用双分子荧光互补原理(BiFC)来检测蛋白质相互作用;(b)利用荧光共振能量转移(fluorescence resonance energy transfer, FRET)原理来检测蛋白质间的相互作用

对于基于荧光蛋白的 FRET 来说,选择进行 FRET 实验的荧光蛋白的原则主要有两个:①供体荧光蛋白的发射光谱和受体荧光蛋白的激发光谱要有所重叠;②荧光蛋白所发出的荧光需要尽可能少地和细胞自身发出的荧光相重叠。最早用来进行 FRET 实验的荧光蛋白对是蓝色荧光蛋白(BFP)和绿色荧光蛋白(EGFP)。但由于在激发 BFP 的时候要使用到紫外线,而紫外线对细胞有害,而且会激发细胞的自荧光,所以研究人员一直都在积极寻找能够替代 BFP-GFP 的 FRET 荧光蛋白对。

青色荧光蛋白(CFP)和黄色荧光蛋白(YFP)是当今最常用的 FRET 荧光蛋白对。黄色荧光蛋白的发射峰和青色荧光蛋白的发射峰的比值是最常用的表征 FRET 效率的量。虽然,近年来,一个新的趋势是将 YFP 或者

GFP 作为供体,将它们和橙色荧光蛋白或者红色荧光蛋白相互配对使用于 FRET 当中。总体来说,利用荧光共振能量转移原理来探测细胞内部蛋白质相互作用是非常有效的方法,可以做到定量的测量。近些年,甚至有研究人员利用荧光蛋白对之间的 FRET 定量测量了蛋白质间的解离常数 Kd 的值。

2) 观测细胞内的生化反应

GFP 和它的变异蛋白还可以用来构建针对各种细胞内小分子或者生化反应的传感器。基于荧光蛋白的传感器最大的优点就是基因可编码性,相比起化学探针的方法,利用生物分子构建用于细胞体内的传感器一般能够具有较好的生物相容性。

从传感器的构建原理看,又大致可以分为两大类,一类是基于荧光共振能量转移原理所构建的包含一个荧光蛋白对的生物传感器,另一类是基于单个荧光蛋白质所构建的传感器。下面,将分别对两大类传感器做一个阐述。

(1) 基于 FRET 的传感器。FRET 原理是至今为止构建荧光蛋白传感器的最常用的设计方法之一。在这个方法中,一个感应结构域被作为一个连接供体荧光蛋白和受体荧光蛋白的桥梁,构成一个完整的复合荧光蛋白质。FRET 传感器中间的感应结构域通常有两个功能:第一,它需要能够提供传感器感应待检测环境信号的特异性;第二,它对要探测的生化信号做出的反应必须能够导致足够的构型改变,从而能够使 FRET 的信号(取决于两个荧光蛋白之间的距离和它们之间相对的角度)发生变化,具体地说,就是要使受体蛋白与供体蛋白的发射峰的比值有足够的改变。现在已经建立了一系列 FRET 传感器设计思路,概括地说,大致可以分为 4 种,如图 6-5 所示。在这些设计当中,中间的感应结构域要么是两个蛋白构成的融合蛋白,这两个蛋白间存在着小分子所介导的相互作用;或者是中间的感应结构域是一个多肽底物和一个结合蛋白构成的融合蛋白,这个多肽的底物只有在被某种酶修饰了以后才能够和结合蛋白产生相互作用;再或者中间的感应结构域是某个蛋白酶的水解底物;中间的感应结构域还可以是一个整体蛋白,这个蛋白在结合上底物之后会发生明显的构型改变。

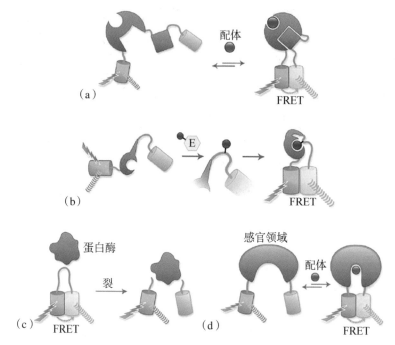

图 6-5　系列 FRET 传感器设计思路示意图

(a)依赖于某个配位物所发生的 FRET,如 Ca²⁺ 离子 FRET 传感器 Cameleons(通过 Calmodulin 和 M13 的融合;(b)用于某些翻译后修饰过程的 FRET 传感器;(c)用于检测某些蛋白酶的 FRET 传感器;(d)依靠中间感应结构域蛋白在结合上底物之后,所发生明显象变化的 FRET 传感器

第一个基于荧光蛋白质所构建的生物传感器是钱永健等人发明的。在这个发明中,传感器蛋白的构造非常简单,蓝色荧光蛋白和绿色荧光蛋白利用胰蛋白酶的底物多肽相连接,在正常情况下,由于荧光蛋白间靠得近,所以能够产生 FRET 现象,但是当酶切位点被蛋白酶水解之后,FRET 随之消失。至今,基于 FRET 的生物传感器在探测蛋白酶活性时,仍然有非常广泛的应用,特别是在研究细胞凋亡过程的 caspase 激活过程中。近年来,还有一个趋势就是用基于 FRET 原理的荧光蛋白传感器来检测某些重要的蛋白酶的抑制物。

在完成第一个基于荧光蛋白的荧光共振能量转移实验之后,下一个工作是构建基于 FRET 的 Ca²⁺ 离子传感器 Cameleon。这再一次清楚地证明了 FRET 传感器作为细胞内成像工具的巨大的使用潜力。Cameleon 是由 4 个不同的成分所构成的,它们分别是供体荧光蛋白、钙调蛋白 Calmodulin、一段 M13 多肽和一个受体荧光蛋白。细胞内 Ca²⁺ 离子浓度的增加会使

Ca^{2+} 离子结合上钙调蛋白,并且进一步的结合 M13 多肽,总体的效应是使供体和受体荧光蛋白随着感应结构域的结构变化在空间上变得靠近,从而增加了 I_a/I_d 的比值。原始的 Ca^{2+} 离子传感器存在信噪比相对较低,因此改进 Cameleon 传感器的工作一直都非常的活跃。

近年来还出现了其他的一系列非常有希望的 FRET 传感器,其中一大类都是用来观测激酶活性的。这一类传感器设计的原理仍然遵照经典 FRET 传感器的设计思路,将激酶的底物作为感应结构域。这个感应结构域只能够结合已经被磷酸化了的底物。当激酶没有被激活的时候,中间的感应结构域是一个伸展的构象,供体和受体荧光蛋白距离相对较远,一旦激酶发挥活性,将中间的感应结构域磷酸化之后,感应结构域就会变构到一个更为紧凑的构象上。正如之前所描述的 Calmodulin 一样,中间感应结构域的构象的改变导致供体和受体荧光蛋白距离的变化,从而导致 I_a/I_d 比值的改变。这个原理已经被用来探测越来越多的激酶,或者是激酶的抑制物。

虽然 FRET 传感器能够通过中间感应结构域的构象变化来产生 I_a/I_d 比值的改变,从而达到对某种细胞内生化事件的探测,但也有研究人员认为,很难通过对中间感应结构域构象的改变来预测 FRET 信号的变化。因为自由状态下,感应结构域的改变,会和 FRET 传感器中结合在两个荧光蛋白之间的时候的构型变化很不相同,所以在尝试用一系列胞质结合蛋白作为感应结构域的 FRET 传感器时,效果并不如预期的那么好。

构建 FRET 传感器存在一系列的不确定因素,设计思路也常包含一系列的经验,而且常常需要尝试一系列不同的感应结构域,还要有感应结构域和荧光蛋白之间的连接肽段,才能达到最佳的传感效果。一个成功的例子是将激活 T 细胞核因子(nuclear factor of activated T-cells)嫁接到供体和受体荧光蛋白的中间,来构建探测丝氨酸/苏氨酸钙调磷酸酶的活性 FRET 传感器。在研究人员设计这个传感器的初期,根本就没有 NFAT 的晶体结构,通过测试一系列的 NFAT1 的变异体,研究人员筛选出了一个 I_a/I_d 足够高的 FRET 传感器,获得了最佳的细胞内磷酸酶活性检测效率。在另一个工作中,研究人员构建了一个能够感受电压的生物传感器,这个传感器是由一个膜附电压感受蛋白(membrane associated voltage sensitive domain)与供体及受体荧光蛋白嫁接而成的。显而易见,电压所诱导的电压感受蛋白的结构变化会改变两个荧光蛋白之间的相对角度。通过系统地改变电压感受蛋白和荧光蛋白之间的连接肽段的组成和长度,I_a/I_d 的改变可以高达 40%。在另一个令人惊讶的实验当中,研究人员构建了 50 多个不同的传感器蛋白,每个蛋白使用不同的同源感应结构域,并且感应结构域和荧光蛋白间的连接肽段在每个传感器蛋白中有所不同,以此来筛选出对 cGMP 产生最大 FRET 信号改变的 FRET 传感器。类似的工作还有通过对连接中间感应结构域和荧光蛋白的连接肽段进行优化,研究人员构建出了高信噪比的 FRET 传感器来对一系列的代谢分子(比如葡萄糖和谷氨酸盐)进行探测。改变感应结构域和荧光蛋白之间连接肽段的长度,以及使用序列重排的荧光蛋白(circular permutated FP)都是改进 FRET 传感器的可行办法,因为这样做通常可以改变供体和受体荧光蛋白间的距离或者相互间的角度。

(2) 单荧光蛋白传感器。单荧光蛋白传感器只包含一个荧光蛋白。构建这类传感器的关键在于使单一的荧光蛋白对某些希望探测的生化事件做出响应,这里的响应可以表现为荧光强度的改变,或者激发谱的改变,或者发射谱的改变。这个方法的一个潜在的优势是荧光蛋白的荧光强度改变量相比起 FRET 方法而言可能会更大一些。但另一方面来说,单荧光蛋白传感器一般不能提供 FRET 传感器那样的比率式的测量。而这种比率式的测量是 FRET 方法的一个巨大优势,因为它能够排除不同细胞厚度造成的不同程度的光学过滤所产生的影响。构建单荧光蛋白传感器的实例相对构建 FRET 传感器的工作要少很多,一种构造单荧光蛋白传感器的方法是利用荧光蛋白自身内在的敏感性。一个经典的例子是利用黄色荧光蛋白对 pH 值的敏感性(见图 6-6 (a))来构建出单荧光蛋白传感器来探测细胞内部亚细胞器的 pH 值。另一个非常有意思的工作是,研究人员采用特异性的突变使临近 beta 片上两个位点的氨基酸变为半胱氨酸,这两个半胱氨酸之间能够形成潜在的二硫键。这个荧光蛋白的结构和环境中的氧化还原性有密切的联系,在经精细的刻画之后,可以用作对细胞内氧化还原环境做出响应的单荧光蛋白传感器。

相比起通过利用荧光蛋白自身的内部性质来构建传感器的方法,更多的时候,人们还是通过在荧光蛋白中间引入其他的感应结构域来对环境中的生化事件做出探测。构建这类单荧光蛋白传感器的思路是在荧光蛋白内部的合适位置(通常是在 loop 或者 turn 的区域)插入一个感应结构域蛋白,这个感应结构域蛋白通常能够和需要探测的目的分子相结合,并且这个感应结构域蛋白在结合上目的分子以后会发生一个明显的构象改变。而且,这个构象的改变足够影响荧光蛋白的结构,使得荧光蛋白的结构发生的变化可以使溶液分子能够攻击荧光基团,或者使荧光基团在质子化和非质子化间的平衡被打破,导致其荧光的改变。

在设计单荧光蛋白传感器的时候,荧光蛋白坚固的 beta 桶对荧光基团的过分保护,会成为设计某些单荧光蛋白传感器的巨大障碍。一个有效的办法是,通过序列重排(circularly permutation)的方式构造一系列新的荧光蛋白(cpFP),这类新的荧光蛋白的 N 端与 C 端非常的接近,cpFP 也就成了构建单荧光蛋白传感器的一个非常好的起点。如同 FRET 传感器构建方法的发展一样,单荧光蛋白传感器的发展起初也是由于对 Ca^{2+} 离子体内观测的需要所驱使的(见图 6-6(b))。在研究人员进一步寻找更有效的 Ca^{2+} 离子传感器的努力中,单荧光蛋白传感器 GCaMP 的晶体结构被解析了出来。这个结构揭示了 cpGFP 中间有一个空腔存在,并且提供了一系列可能的改进 Ca^{2+} 离子传感器的设计方法。类似的构建原理后来被证明对构建针对其他分析物的单荧光蛋白传感器也是适用的。

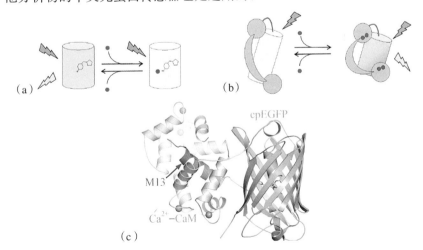

图 6-6　单荧光蛋白传感器示意图

(a)基于荧光蛋白内部性质所构建的荧光传感器;(b)通过在蛋白外界连接感应结构域来达到探测的效果;(c)GCaMP 的 X 射线晶体衍射结构

　　近些年所发展起来的多种荧光蛋白,其所发出的颜色几乎已经完全覆盖了可见光的所有区间。比如在 FRET 传感器领域,有传统的青色荧光蛋白和黄色荧光蛋白对,也有后来所发展的绿色荧光蛋白和红色荧光蛋白对。从光谱的角度,CFP - YFP 组合和 GFP - RFP 组合很大程度上是正交的,所以荧光蛋白应用的一个巨大的前景就是利用多个荧光蛋白传感器对细胞内不同的生化过程进行同时的观测,这将会对人们更好地理解生命过程做出非常重要的启示。

第 **7** 章

绿色荧光蛋白的亚铜离子传感器研制

概述

可基因编码的荧光传感器能够对细胞层次的物理和生化环境的改变做出动态的、实时的响应,对蛋白之间的相互作用进行探测,还能够感应细胞内的信号传导通路。鉴于它们非常重要的生物学应用,研究人员都致力于开发基于绿色荧光蛋白的生物传感器,但是到目前为止,许多传感器的信号响应都是依赖于荧光蛋白内部环境的敏感性,或者更多的时候,在 FRET 传感器中,依赖于介于两个荧光蛋白中间的感应结构域的结构形变。荧光共振能量转移原理在构建基于荧光蛋白的传感器领域应用非常广泛。然而,荧光共振能量转移这种方法还是存在局限性的。首先,在荧光共振能量转移中用的两个荧光蛋白是相对比较大的分子,这可能会影响中间感应结构域的结构和折叠。其次,要使 FRET 的信号变化足够大的话,感应结构域的形变要能够和一般荧光蛋白的 Forster 半径相当,大致在 5 nm 左右,能够满足这个条件的感应结构域蛋白非常有限。因此,发展其他的可基因编码传感器就显得非常的重要,比如基于双分子荧光互补技术(bimolecular fluorescence complementation,BiFC)的传感器。

本章中,作者以一种新的思路研制可基因编码的荧光传感器,即在绿色荧光蛋白(eGFP)中引入结构内力,从而获得改变蛋白荧光的特性。因为绿色荧光蛋白的荧光强度和它的 beta 桶结构的完整性有着非常密切的联系，因此，如果能够在这个荧光蛋白分子内部，尤其是 beta 桶的内部引入潜在的张力，就有可能来调控这个蛋白的荧光强度。但是，尽管分子内部的张力而产生的扭曲变性已经被用来控制一系列酶和蛋白的折叠动力学，但能否在绿色荧光蛋白这样一个非常稳定和坚固的蛋白中引入足够的分子内部张力还是一个未知数。鉴于此，我们构思出一种新的研究方法。该方案是在绿色荧光蛋白(EGFP)的 loop 区域插入一个感应结构域蛋白，这个感应蛋白在与底物相结合时，有一个长的末端距离，这个蛋白质在相应条件下的形变能够在 EGFP 的 loop 区域引入张力，并且引起蛋白荧光的下降。

基于以上思路研制了一个基于绿色荧光蛋白的一价亚铜离子传感器，并利用这个传感器可以对细胞内亚铜离子进行实时的观测。

7.2 材料

（1）化学药品。

$ZnCl_2$，$CuSO_4$，$CaCl_2$，$MgCl_2$，$NiCl_2$，$MnCl_2$，$CdCl_2$，$CoCl_2$，$FeCl_2$，$FeCl_3$，$AgNO_3$，$NaCl$，KCl 是从上海振兴厂所购置的。六氟磷酸四乙氰铜(Tetrakis(acetonitrile) copper(I) hexafluorophosphate)被用做实验中一价铜离子的来源，是从百灵威化学购置的。而 NaCN 则由南京大学化学化工学院的左景林教授提供的。所有的原材料都是纯化的，在实验中可以直接使用。

（2）EGFP145 - Amt1 的序列。

MVSKGEELFTGVVPILVELDGDVNGHKFSVSGEGEGDATYGKLT
LKFICTTGKLPVPWPTLVTTLTYGVQCFSRYPDHMKQHDFFKSAMP
EGYVQERTIFFKDDGNYKTRAEVKFEGDTLVNRIELKGIDFKEDGNI
LGHKLEYNlg**RGRPPTTCDHCKDMRKTKNVNPSGSCNCSKLEKIRQEKG
ITIEEDMLMSGNMDMCLCVRGEPCRCHARRKRTQKS**lgYNSHNVYIMA
DKQKNGIKVNFKIRHNIEDGSVQLADHYQQNTPIGDGPVLLPDNHY
LSTQSALSKDPNEKRDHMVLLEFVTAAGITLGMDELYK

上述涉及亚铜离子感应结构域(Amt1 copper(I) binding domain)的都用粗的斜体字标出的。

7.3　表达质粒的构建

Pet32a‐EGFP 的质粒由南京大学生命科学院提供的。而在 pcDNA3.1(＋)质粒中的 Amt1 copper(I) binding domain 是芝加哥大学的何川教授慷慨赠予的。绿色荧光蛋白(EGFP)是用聚合酶链式反应(PCR)扩增出来的,并且放入到 pUC19 质粒 BamHI 和 kpnI 酶切位点当中。

为了使亚铜离子感应结构域能够按照正确的方向插入到绿色荧光蛋白的第 145 和第 146 位氨基酸之间,我们用突变 PCR 的方法在 pUC19‐EGFP 的第 145 和第 146 号氨基酸位点间引入了非回文序列的 AvaI (CTCGGG)限制性内切酶位点,得到了 pUC19‐EGFP(AvaI)。然后,通过 PCR 的方法将 AvAI 的位点再引入到 Amt1 基因的两端,接下来用 AvaI 酶切 Amt1 基因和 pUC19‐EGFP(AvaI),再将 Amt1 基因和线性的 pUC19‐EGFP 做连接,得到 pUC19‐EGFP145Amt1。DNA 测序证明了基因的正确性。至此,编码传感器蛋白的基因构建完成了。最后,将 EGFP 145Amt1 放入表达质粒 pQE80L BamHI 和 KpnI 的酶切位点中。即构建完成表达质粒。同样,单独的亚铜离子感应结构域也被放入了 pQE80L 表达质粒中。

7.4　蛋白质的表达和纯化

将质粒 pQE80L‐eGFP145Amt146 转化到大肠杆菌 BL21 菌株当中。每个克隆都包含一个相应的质粒,在含有 100 mg/L 的氨苄西林的标准 LB 中,于 37℃以 225 r/min 的转速培养。当细菌在 600 nm 处的光学密度达到 0.6～0.8 的时候,加入终浓度为 1 mM 的异丙基 β 三维‐半乳糖苷(IPTG),然后将温度降到 28℃再继续培养 6 h,以诱导蛋白的表达。最后,离心收集细胞,再在预冷的裂解液中悬浮(20 mM Na3PO4, 500 mM NaCl, 4 mM DTT, pH 7.4)一段时间,进一步加入 100 μM 的溶菌酶,并再置于冰上超声

8 min,然后在 4℃、12 000 r/min 的转速下对细胞裂解液离心处理 30 min,之后取上清。目的蛋白用标准的 Ni 柱方法进行纯化,并最终洗脱缓冲液(20 mM Na3PO4,500 mM NaCl,4 mM DTT,500 mM 咪唑,pH7.4)中。通常,每升细菌能够获得 40～50 mg 蛋白。

将 pQE80L－Amt1 转化到大肠杆菌 BL21 细胞株当中,每次克隆都包含了对应的质粒,在含有 100 mg/L 的氨苄西林的标准 LB 中,于 37℃以 225 r/min 的转速培养。当细菌在 600 nm 处的光学密度达到 0.6～0.8 的时候,将温度降至 22℃,加入终浓度为 0.5 mM 的 IPTG,蛋白诱导表达半小时之后,加入终浓度为 1.4 mM 的 CuSO4,用来提供能使 Amt1 正确折叠的铜源,然后继续表达蛋白约 5 h。为了得到不结合亚铜离子的 Amt1,在纯化出的蛋白中加入 4 mM neocuproine,然后再把蛋白透析到纯水中。

远紫外圆二色谱(far-UV circular dichroism)。圆二色谱是在 JACSO J－810 和 J－815 圆二色谱分光偏度计上测量的。蛋白首先是在纯水中透析脱盐。之后,会在传感器蛋白中加入相应量的金属离子,平衡 20 min 后进行测量。数据是在室温下从 250 nm 扫描至 190 nm 的,测量比色皿是 0.1 mm 的路径长度。每次的数据测量都会扫描 5 次,以改进信噪比。另外,缓冲液的贡献也被减去,结果被换算成平均残基椭圆率。

对于蛋白热稳定性的测量,温度变化的速率是 5 C/min,监测的信号点是 215 nm 对应的值。

7.5 荧光测量

荧光测量使用的仪器是 JASCO FP－6500 型荧光分度计,激发光的波长是 400 nm。在所有的测量里,蛋白的浓度都保持在 1 μM。亚铜离子和蛋白的摩尔比的整数倍一直从 1 变化到 5。激发和发射光的带宽分别设置在 10 nm 和 5 nm 处。归一化的荧光强度是指用传感器蛋白在各个波长下的光强除以最大荧光的值。

7.5.1　传感器蛋白和亚铜离子的解离常数的计算

为了推算出传感器蛋白和亚铜离子的解离常数,配置了 $0.5~\mu M$ 的结合满亚铜离子的传感器蛋白。然后在蛋白样品中加入不同终浓度的 NaCN 来竞争性地取代结合在蛋白上的亚铜离子,从而使荧光恢复。溶液中各个成分的平衡常数是基于 NIST Critical stability constants of metal complexes 的。

EGFP - 145Amt1 和亚铜离子的 log beta 是通过 HySS2009 软件来推测的。

$$H^+ + CN^- \leftrightarrow HCN \qquad \log K_a = 9.04$$
$$Cu^+ + 2CN^- \leftrightarrow Cu(CN)_2^- \qquad \log \beta_{2Cu} = 21.7$$
$$Cu^+ + 3CN^- \leftrightarrow Cu(CN)_3^{2-} \qquad \log \beta_{3Cu} = 26.8$$
$$Cu^+ + 4CN^- \leftrightarrow Cu(CN)_4^{3-} \qquad \log \beta_{4Cu} = 27.9$$

7.5.2　紫外可见吸收光谱的测量

传感器蛋白在没有结合亚铜离子但结合了饱和的亚铜离子时候的紫外可见吸收光谱是用 JASCO V - 550 仪器进行测量的。测量时传感器蛋白的浓度为 $15~\mu M$,蛋白溶解在 10 mM Tris - HCl, 300 mM NaCl, 4 mM DTT (pH:7.4)的缓冲液中。在测量饱和结合亚铜离子的传感器蛋白时,样品中还存在另外的 $60~\mu M$ 亚铜离子。所有吸收光谱都已经将缓冲液的吸收排除在外了。

7.5.3　传感器蛋白(EGFP145Amt1)和亚铜离子感应域蛋白(Amt1)稳定性的测量

EGFP145Amt1 和 Amt1 蛋白在没有结合亚铜离子和结合饱和量亚铜离子时候的稳定性是使用盐酸胍来进行测量的。在 515 nm 处的荧光强度被用来检测传感器蛋白的解折叠,在 222 nm 处的圆二色谱值被用来检测 Amt1 的解折叠。

化学变性的数据拟合基于以下公式:

$$F = \frac{\exp((m \cdot [D] - \Delta G_{D-N}^{H_2O})RT)}{1 + \exp((m \cdot [D] - \Delta G_{D-N}^{H_2O})/RT)}$$

式中，F 表示解折叠蛋白的比例，m 是转变的幅度，$[D]$ 是变性剂的浓度，$\Delta G_{D-N}^{H_2O}$ 是在不存在变性剂的时候解折叠的自由能变化，R 是气体常数，T 是绝对温度。

7.5.4   哺乳动物细胞的荧光观测

中国仓鼠卵巢细胞（CHO）在加入 10% FBS 培养基的 DMEM (Hyclone)中培养的时候，环境中有 5% 的二氧化碳，培养温度为 37℃。为了表达 EGFP - 145Amt1，CHO 细胞培养于 6 孔板中，以达到 85%～90% 的单细胞层覆盖度。第二天，按照标准实验步骤在 CHO 细胞中转染入 pcDNA3.1(－)- EGFP - 145Amt1 质粒。在蛋白表达 36 h 之后，对 CHO 细胞进行荧光观测实验，观测所使用的仪器是配置了 Olympus DP72 显微镜数码摄像机的 Olympus BX51 的倒置荧光显微镜。在培养基中加入终浓度为 1 mM 的 CuSO4，在对照实验中，在培养基中加入终浓度为 1 mM 的 ZnCl2，图像采用 Image-Pro Express 6.3 采集，并加以分析。

基于体外的数据，归一化的荧光改变和时间的关系可以近似地认为是一阶动力学。

$$Y = A\exp(-k \times t)$$

式中，Y 是归一化的荧光强度；A 是前因子；k 是荧光改变速率。

因此有：$-(dY/dt)/Y = -(-k \times A\exp(-k \times t)/A/\exp(-k \times t) = k$

这里，用 $-dY/dt/Y$ 随时间的变化来反映荧光随时间的改变。

因为荧光卒灭速率是直接和亚铜离子的浓度相关的，因此，我们能够用荧光下降的速率来刻画细胞内部亚铜离子的浓度。细胞内最大亚铜离子的浓度估计在 $10\sim20\,\mu\text{M}$ 之间，这个浓度比细胞内通常的亚铜离子的浓度要高出很多。

作者在图 7 - 4K 中对数据进行了进一步的平滑处理。否则，高的噪声值会产生假阳性。例如，超过 100 s 的数据的确是由于这个区域低的信噪比所造成的。

7.6　结果与分析

　　绿色荧光蛋白中连接第 6 个和第 7 个 beta sheet 的 loop 区域对于外源蛋白有比较好的容忍性。因此,我们选择在此区域中放入亚铜离子感应域蛋白 Amt1,基因构建完成后经过 DNA 测序验证其正确性。序列比对结果见图 7-1,实际测序结果和理论传感器蛋白序列的对比结果完全一致。

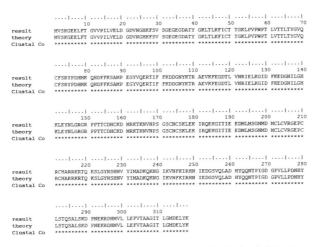

图 7-1　实际测序结果和理论传感器蛋白序列对比图

　　另外,构建了亚铜离子感应域蛋白单体的表达质粒,并且对表达质粒也进行了 DNA 测序,证实序列的正确性。序列比对结果如下,序列构建完全正确。

　　由图 7-2 可知,感应域蛋白单体的实际测序结果和理论序列的比对结果完全一致。由以上两个验证说明所构建的亚铜离子荧光传感器,其测序及表达质粒均是正确的。

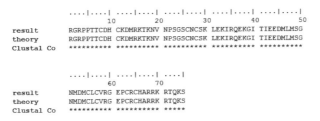

图 7-2　感应域蛋白单体的实际测序结果和理论序列的比对图

由于蛋白能够被成功地表达出来,因此纯化后进行蛋白质电泳的结果表明,蛋白的纯度完全符合进一步实验的要求(见图7-3),传感器蛋白有着非常好的光稳定性(见图7-4(d)),并且吸收光谱表明,蛋白的确可以结合上亚铜离子。

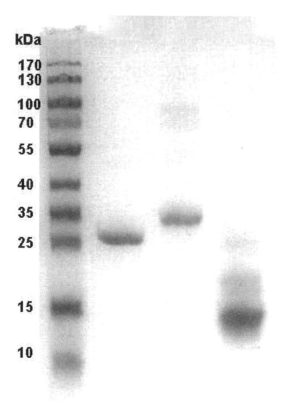

图7-3 SDS-PAGE 图像

从左向右依次为蛋白质 marker,绿色荧光蛋白(EGFP),传感器蛋白(EGFP145Amt1),亚铜离子感应域蛋白(Amt1)。

在 $1\,\mu$M 传感器蛋白中分别加入 $1\,\mu$M,$2\,\mu$M,$3\,\mu$M,$4\,\mu$M 和 $5\,\mu$M 亚铜离子后,可以发现,当 EGFP145Amt 和 Cu(I)等摩尔比例存在时,EGFP145Amt 的荧光有一个非常明显的下降,表明传感器蛋白对于亚铜离子有较好的敏感性。随着亚铜离子浓度进一步提高,荧光会继续的下降,直到体系中的亚铜离子浓度达到 $4\,\mu$M,这时,亚铜离子和传感器蛋白的摩尔比为 $4:1$,因为之前的研究表明,亚铜离子感应域蛋白 Amt1 能饱和结合 4 倍的亚铜离子,这时传感器蛋白的荧光下降到一个最低值。如果继续增加体系中的亚铜离子浓度,传感器蛋白的荧光不会再继续地下降。对亚铜离子猝灭传感器蛋白荧光的更精细的刻画如图 7-4(b)所示。

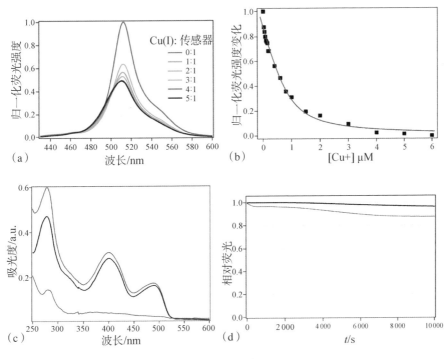

图 7-4　荧光谱线图

上图中,(a)1 μM 传感器蛋白在与亚铜离子处于不同摩尔比的时候的荧光谱线,激发光波长为 400 nm。传感器蛋白在没有结合亚铜离子和饱和结合亚铜离子时候的量子产量分别是 0.20 和 0.09。(b)1 μM 传感器蛋白在不同亚铜离子浓度时荧光的猝灭情况(0~1 μM 亚铜离子时的精细刻画);(c)传感器蛋白的紫外吸收光谱,黑线表示的是蛋白在不结合亚铜离子的时候,而红线表示的是蛋白在结合饱和的亚铜离子的时候。两个谱线之间的差异为蓝色线。由于形成了亚铜离子和硫醇的团簇,可见 280 nm 处 holo-EGFP145Amt 有明显升高。另外,蛋白在结合上亚铜离子以后,400 nm 处的峰位并没有变化,表明质子化了的荧光基团占主导的情况在蛋白结合上亚铜离子以后并没有变化。值得一提的是,400 nm 的主吸收峰通常只存在于

wild type GFP 中,而在 EGFP 中并不存在,表明 EGFP - 145Amt1 的 pKa 向 wild type GFP 有所靠拢。(d)EGFP145Amt1(红线)和 EGFP(黑线)的光稳定性。实验是在 tris 缓冲液(pH 7.4)中进行的,使用的是 JASCO 荧光光谱仪,激发光波长和光强分别是 400 nm 和 0.2 mW/cm2(激发带宽为 1 nm)。

传感器蛋白荧光对于亚铜离子的变化是一个可逆的过程,在样品中加入不同终浓度的金属离子螯合剂氰化钠(NaCN)之后,蛋白的荧光会有相应的恢复(见图 7 - 6)。通过这个竞争性结合的实验,我们可以确定传感器蛋白和亚铜离子的结合常数约为 $4.6 \pm 1.2 \times 10^{-19}$ M。这和文献中的报道是相符合的。传感器蛋白对于亚铜离子的荧光可恢复性,还通过加入另外一种特异性的亚铜离子螯合剂新亚铜试剂进行了验证(见图 7 - 5(a))。

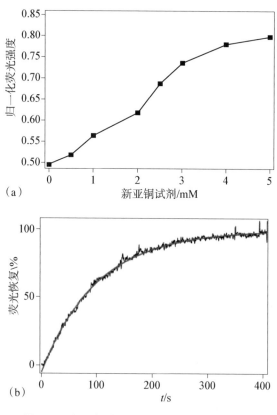

图 7 - 5   新亚铜试剂对传感器蛋白的影响曲线

(a)在 1 μM 传感器蛋白中加入新亚铜试剂可以部分地恢复荧光;(b)在传感器蛋白中加入 4 mM 新亚铜试剂时荧光恢复的动力学(荧光恢复的速率为 0.01(1/S))

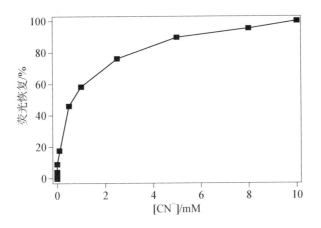

图 7 - 6　传感器蛋白对亚铜离子结合常数影响曲线

（在传感器蛋白样品中加入不同浓度的氰化钠（NaCN）后，蛋白的荧光恢复。通过这个实验，可以确定传感器蛋白对亚铜离子的结合常数。蛋白浓度为 0.05 μM）

　　这里进一步测试了传感器蛋白对亚铜离子的响应时间。1 μM 蛋白质的荧光在加入 16 μM 亚铜离子之后有非常快速的下降。拟合得到的结合速率为 0.014(1/s)。结合速率与亚铜离子的关系如图 7 - 7(a)中的插入框所示。对于低浓度的传感器蛋白，亚铜离子浓度和荧光猝灭速率的关系如图 7 - 7(b)所示。

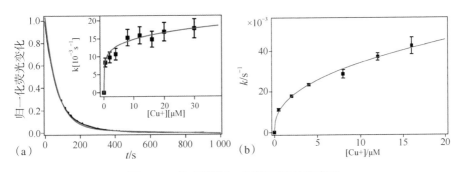

图 7 - 7　传感器蛋白对亚铜离子的响应图

（a)是在 1 μM 传感器蛋白中加入 16 μM 亚铜离子时候的荧光猝灭动力学曲线，红线对应于单指数拟合。插入框内表示在不同亚铜离子浓度时候的结合速率；(b)在 5 nM 传感器蛋白中加入不同浓度的亚铜离子时候的荧光猝灭速率

　　为了确定传感器蛋白对于亚铜离子的专一性，在 1 μM 传感器蛋白中，

分别加入 4 μM 的其他金属离子。这时可以看到,除了亚铜离子之外的其他被测试的金属离子都不能使传感器蛋白的荧光发生明显的变化。而且,在另一个亚铜离子生物传感器当中,Zn(II)和 Ag(I)能够与 Amt1 相结合,但是这两种离子对于我们所构造的传感器仅有比较低的亲和力。这也许是因为将绿色荧光蛋白折叠是离子结合上传感器蛋白的必要步骤,这一过程需要额外的能量,这就增加了传感器的专一性,而且二价铜离子也不能结合到传感器蛋白上,说明这个蛋白可以用来报道铜离子在体内的氧化还原过程。

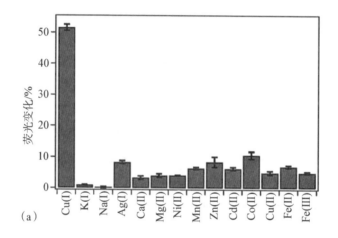

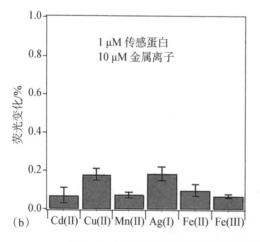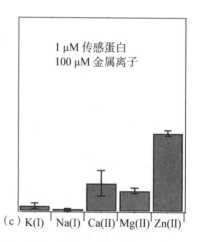

图 7-8 传感器蛋白对金属离子检测的专一性的测试结果示意图

(a)1 μM 传感器蛋白与 4 μM 各种金属离子共存时,蛋白荧光变化幅度;(b)、(c)1 μM 传感器蛋白与高浓度的某些金属离子共存时候的荧光变化幅度

　　为了从实验的角度确定传感器蛋白在结合上亚铜离子之后,自身所发生的结构上的改变,从而导致自身荧光强度的下降,我们测量了传感器蛋白和亚铜离子处于不同摩尔比时的圆二色谱信号。正如在图 7 - 9 中所显示的,当传感器蛋白没有结合亚铜离子的时候,蛋白显示出一个典型的荧光蛋白的 alpha+beta 结构。但是,当加入亚铜离子以后,传感器的摩尔椭圆率明显上升,并在亚铜离子与传感器蛋白摩尔比为 4 时达到最大值。相比之下,亚铜离子感应域蛋白则由没有结合亚铜离子时的一个相对无规则的结构状态,转变为一个饱和结合亚铜离子时的高度有序结构。因此,传感器蛋白荧光的猝灭的确是因为绿色荧光蛋白结构被破坏所导致的。对传感器蛋白热力学稳定性的测量也进一步验证了当传感器蛋白结合上亚铜离子之后,会引起绿色荧光蛋白结构域的失稳和亚铜离子感应结构域的增稳。这一系列的数据证明了我们成功地在绿色荧光蛋白中引入了足够的结构张力,使得蛋白在结合亚铜离子之后,这部分张力能够破坏绿色荧光蛋白的结构。值得一提的是,结构上被扭曲的绿色荧光蛋白并不完全形成无规则的结构,所以我们没有看到圆二色谱上 195 nm 处信号的降低,这也使得传感器蛋白能够迅速地、可逆地对亚铜离子的涨落作出响应。

　　传感器蛋白和亚铜离子感应域蛋白的热力学稳定性如图 7 - 10 所示。从图中可以看到:

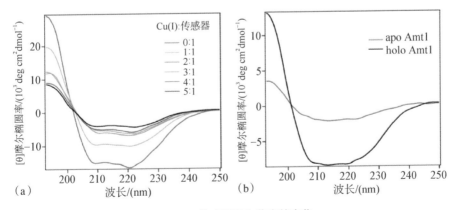

图 7 - 9　传感器蛋白荧光的变化

　　(a)传感器蛋白与亚铜离子处于不同摩尔比的时候的圆二色谱;(b)亚铜离子感应结构域蛋白在没有结合和饱和结合亚铜离子之后的圆二色谱

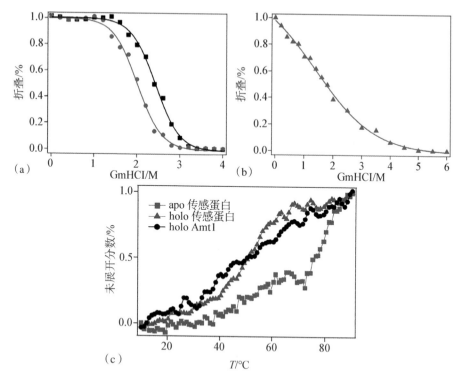

图 7-10 传感器蛋白和亚铜离子感应域蛋白的热力学稳定性曲线

（1）传感器蛋白在未结合亚铜离子(图中的黑线)和结合满亚铜离子状态(图中的红线)下的热力学稳定性是不同的。从图中可见,蛋白在饱和结合亚铜离子状态下,稳定性明显下降了,这进一步证明了此时荧光蛋白的桶状结构已经被部分地破坏。蛋白在 515 nm 处的荧光强度已被用来监测蛋白的解折叠。

（2）从图中可知饱和结合亚铜离子的亚铜离子感应域蛋白的热力学稳定性。圆二色谱在 222 nm 处的值被用来作为刻画量。

（3）图中用热变性圆二色谱对未结合亚铜离子和饱和结合亚铜离子时候的传感器蛋白的热力学稳定性进行的表征。圆二色谱中在 222 nm 处的值被用来作为刻画量。实验中,所有蛋白浓度均为 $1\mu M$。

接下来人们尝试用构建的传感器蛋白对哺乳动物细胞内的亚铜离子浓度涨落进行了观测。我们在中国仓鼠卵巢细胞(CHO)中转染入编码传感器蛋白的质粒。由于传感器蛋白的表达,CHO 细胞呈现出荧光(见图 7-11(a))。接下来,将 $1\mu M$ 到 1 mM 的 CuSO4 加入细胞所处的环境中,这时我们发现,至少需要 $10\,\mu M$ 的 $CuSO4$ 才能在 $1\,h$ 的时间尺度下观察到细胞的荧光变化(见图 7-12)。

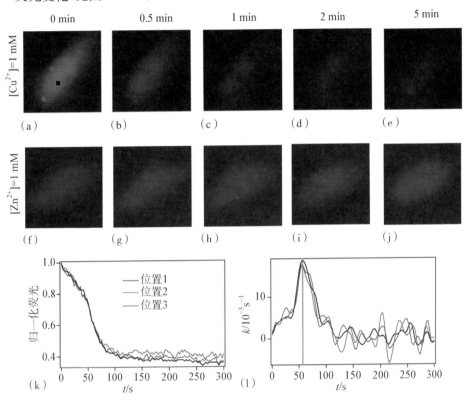

图 7-11　哺乳动物细胞 CHO 内亚铜离子的成像实验结果

(a)—(e)在细胞的培养基中加入终浓度为 $1\,mM$ 的 $CuSO4$,或者在培养基中加入终浓度为 $1\,mM$ 的 $ZnCl2(f—j)$;(k)、(a)中各点的归一化的荧光变化;(l)3 个点的荧光变化速率(都是在 $55\,s$ 达到最大)

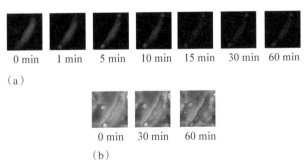

图 7-12　降低了培养基中加入的 $CuSO4$ 浓度后,加入 10 $MCuSO4$ 所得的结果照片

(a)荧光照片;(b)明场图像

在 CHO 的细胞中,二价铜离子转变为一价铜离子的速度相对缓慢,所以我们在细胞的培养基中加入终浓度为 1 mM 的 CuSO4,使细胞荧光的变化速度足够的快,这样,可以避免由于长时间实验所造成的荧光猝灭。值得一提的是,这种情况下,细胞内的亚铜离子浓度将远远高于正常情况下的细胞内亚铜离子的浓度。一个最大的荧光下降在 2 min 之后就能观察到(见图 7-11 中的(b)~(e))。而在对比试验中,传染进绿色荧光蛋白表达质粒的 CHO 在培养基中加入终浓度为 1 mM 的 CuSO4 时,荧光强度并没有明显的变化(见图 7-13)。因此,在细胞培养基中加入 CuSO4 之后光的强度下降是明显的,这表明利用细胞内某种特定的分子机制来摄入二价铜离子,并把二价铜离子还原成为一价亚铜离子是完全可以的。

在作为平行的对照实验中,在稳定表达传感器蛋白的 CHO 细胞培养基中加入终浓度为 1 mM 的 ZnCl2 后,同样没有观察到任何荧光变化(见图 7-13)。这表明,细胞内荧光强度的降低仅仅是因亚铜离子的结合所造成的。为了对细胞内部亚铜离子分别做更细致的研究,我们在细胞内部选取了 3 个具有代表性的点,这些点分别位于椭圆形 CHO 细胞的长轴末端、短轴末端和中心位置,并分别对它们的荧光强度的改变速度进行了刻画(见图 7-11(k))。相应的荧光猝灭速率总结在图 7-13 中。通过和体外数据的对比,我们能够推测出 CHO 细胞在初始细胞内亚铜离子浓度约在 55 s 后达到最大值,最大值为 10~20 μM。

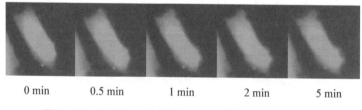

| 0 min | 0.5 min | 1 min | 2 min | 5 min |

图 7-13 加入 CuSO₄ 后的 CHO 细胞绿色荧光蛋白转染

逐渐下降的荧光变化速率一方面可能是因为亚铜离子在细胞内部非常快速地代谢所造成的,另一方面,也可能是所有的传感器蛋白都已经饱和结合亚铜离子,所以不能够对亚铜离子在细胞内浓度的变化做进一步的响应。

有意思的是,上图中可以看到 CHO 细胞中 3 点荧光的变化速率都是比较同步的,这预示着细胞内有一个内在的机制来调控细胞内的亚铜离子代谢速率。

7.7　讨论

铜离子是生命体内很多生理过程的参与分子,它能够观测铜离子在生物体内浓度的涨落,这对于人们更好地了解生命过程会是非常有用的,所以迄今为止,出现了许多有效的铜离子传感器,其中一部分甚至可以用于细胞内的亚铜离子探测。然而,这些传感器都有着敏感性或者特异性的不足。针对这些缺陷,本章通过在绿色荧光蛋白内部引入一个结构内力,并以此研制构建了一个可以基因编码的亚铜离子传感器,这个传感器可以用来对亚铜离子在细胞内的浓度涨落进行实时的观测。这个方法和传统的基于荧光共振能量转移的方法相比,具有信号变化明显的优势,并且证明了这个新的传感器能够胜任细胞内亚铜离子浓度涨落的探测。同时,这个荧光传感器本身在亚铜离子细胞内应用方面有较好的前景。该传感器的研究构建思路,对于构建其他的新型的传感器会有启示作用。

第 8 章

黄色荧光蛋白对氯离子敏感性的降低

8.1　概述

　　黄色荧光蛋白(yellow fluorescent protein，YFP)是绿色荧光蛋白最早的颜色突变体之一。YFP 相比 GFP 的关键突变是，将 GFP203 位的苏氨酸(thr)突变为酪氨酸(tyr)。由于这个位置的氨基酸在空间结构上距离荧光基团很近，加之构成荧光基团的 3 个氨基酸当中有一个是 tyr，在这两个 tyr 之间可以形成一个 π-π 键，这个 π-π 键的形成可以使荧光基团周围的电荷分别发生变化，从而使蛋白的吸收和发射光谱都发生大约 20 nm 的红移。在生物体内的荧光成像应用中，它的出现为研究者提供了更多的选择，并为同时观测一种以上的分子在细胞内的位置和迁移规律提供了可能的方法，特别是 YFP 和另一个 GFP 突变蛋白即青色荧光蛋白(CFP)的光谱有合适的重叠，所以 YFP-CFP 在 FRET 传感器的构建方面有非常广泛的应用。但是，使黄色荧光蛋白发生波谱红移的 π-π 键却同样也使得 YFP 有着对环境特别的敏感性，其荧光强度随着环境的改变易发生较大幅度的涨落。虽然，有研究人员利用 YFP 的这个性质构建出了适用于细胞内的氯离子传感器。但是，在很多其他的应用中，比如将 YFP 简单的用于细胞内目的蛋白的定位，或者将 YFP 作为 CFP 的受体在 FRET 传感器中应用时，YFP 对于氯离子和 pH 值的敏感性将是一个非常巨大的缺点，所以，许多科学家都致力于降低 YFP 对氯离子的敏感性。

在降低 YFP 对 Cl^{-1} 敏感性的工作当中,两个关键性的突变(V68L/Q69M)可以有效地降低 YFP 对 Cl^{-1} 的敏感性。在作者的研究工作当中,我们发现,V68L/Q69M 的确可以有效降低 YFP 对 Cl^{-1} 敏感性。但是,如果能够再进一步地降低 YFP 对 Cl^{-1} 的敏感性的话,对于 YFP 的应用会更加有效。为此,我们应用在 YFP 的 loop 区域插入短肽的方法,尝试进一步降低 YFP 对 Cl^{-1} 的敏感性。实验中,我们在 YFP 的多个 loop 区域插入不同长度的短肽,经过筛选,得到了对 Cl^{-1} 敏感性降低幅度最大的新的 YFP。此外,我们在这个对于 Cl^{-1} 敏感性最低的 YFP 中,再次引入另一个筛选出来的降低 YFP 对 Cl^{-1} 敏感性突变的 F46L,这样得到的蛋白对于 Cl^{-1} 敏感性来说属于中性的 pH 环境下,几乎可以完全地脱敏。故这个 YFP 能够更好地应用于一系列的荧光蛋白体内的成像实验中。

8.2　材料

化学试剂。实验中所用材料主要是 $NaCl$, CON_2H_4, Na_2HPO_4, NaH_2PO4, Na_3PO4, C_3H4N_2 等试剂,这些试剂都是分析纯,在实验中均可直接使用。

下面分别介绍蛋白质序列。

原始黄色荧光蛋白(template YFP)有:

MVSKGEELFTGVVPILVELDGDVNGHKFSVRGEGEGDATIGKLT
LKFICTTGKLPVPWPTLVTTLTYGLMCFARYPDHMKQHDFFKSAMP
EGYVQERTIFFKDDGNYKTRAEVKFEGDTLVNRIELKGIDFKEDGNIL
GHKLEYNYNSHNVYIMADKQKNGIKVNFKIRHNIEDGSVQLADHYQ
QNTPIGDGPVLLPDNHYLSYQSALSKDPNEKRDHMVLLEFVTAAGIT
LGMDELYK

Loop 插入肽段之后的 YFP 有:

MVSKGEELFTGVVPILVELDGDVNGHKFSVRGEGEGDATIGKLT
LKFICTTGKLPVPWPTLVTTLTYGLMCFARYPDHMKQHDFFKSAMP

EGYVQERTIFFKDDGNYKTRAEVKFEGDTLVNRIELKGIDFKEDGNIL
GHKLEYN(X1)YNSHNVYIMADK(X2)QKNGIKVNFKIRHNI(X3)EDG
SVQLADHYQQNTPIGDGPVLLPDNHYLSYQSALSKDPNEKRDHMVL
LEFVTAAGITLGMDELYK

序列中,X1,X2,X3 为 YFP 中分别处于 145 和 146 位氨基酸、157 位、和 158 位氨基酸之和以及 172 位和 173 位氨基酸之间,分别代表插入在 YFP 中的插入短肽的 3 个位置,其中 3 个位置插入不同肽段后,YFP 突变体的序列如表 8-1 所示。

表 8-1　YFP 突变体的序列一览表

突变体	插入位置	插入序列
YFP-1	X1	G
YFP-2	X1	GG
YFP-3	X1	GGG
YFP-5	X1	GGGGG
YFP-9	X1	LGGGGGGLG
YFP-19	X1	LG GGGGG GGGGG GGGGG LG
YFP-36	X1	LGGGGGGGGGGGGGGGGGGLGGGGGGGGGGGGGGGGGGLG
YFP-2′	X2	GG
YFP-5′	X2	GGGGG
YFP-2″	X3	GG

8.3　突变蛋白表达质粒的构建

编码突变蛋白 YFP-1, YFP-2, YFP-3, YFP-5, YFP-2′, YFP-5′, YFP-2″的基因是通过基于 mega-primer 的定点突变 PCR 所构建的,PCR 中所使用的模板是 pQE80L-YFP。在实验过程中,首先进行的是一个用常规 PCR 来制备突变 PCR 所需的 mega-primer,即 DNA 序列。

5′CTTGGATCCATGGTGAGCAAGGGCGAGGAGC3′被用作所有常

规 PCR 中的正向引物,制备 YFP-1,YFP-2,YFP-3,YFP-5,YFP-2′,YFP-5′,YFP-2″突变体的常规 PCR 的反向引物分别为

5GTTGTGGCTGTTGTACCCGTTGTACTCCAGC3;

5 GTTGTGGCTGTTGTACCCGCCGTTGTACTCCAGC 3;

5 GTTGTGGCTGTTGTAACCCCCGCCGTTGTACTCCAGC 3

5 GACGTTGTGGCTGTTGTAACCGCCACCGCCACCGTTGTACTCCAGCTTGTG3;

5 GCCGTTCTTCTGGCCACCCTTGTCGGCCATG 3;

5 GCCGTTCTTCTGACCGCCACCGCCACCCTTGTCGGCCATG 3;

5′ CGCTGCCGTCCTCGCCACCGATGTTGTGGCG 3′。

PCR 循环条件的设置为

在进行 YFP-1,YFP-2,YFP-3 时的条件如表 8-2 所示。

表 8-2　进行 YFP-1、YFP-2、YFP-3 的条件一览表

T/℃	t/min	循环次数
95	5	1
95	0.5	
64	0.5	30
72	0.5	
4	hold	

在进行 YFP-5 时的条件如表 8-3 所示。

表 8-3　进行 YFP-5 的条件一览表

T/℃	t/min	循环次数
95	5	1
95	0.5	
69	0.5	30
72	0.5	

在进行 YFP-2′，YFP-5′，YFP-2″时的条件如表 8-4 所示。

表 8-4　进行 YFP-2′、YFP-5′、YFP-2″的条件一览表

T/℃	t/min	循环次数
95	5	1
95	0.5	
67	0.5	30
72	0.5	

以上所有常规 PCR 的产物都进行了 DNA 电泳，并且被割胶回收，DNA 纯化出来后用于下面的突变 PCR 中。对于构建 YFP-1，YFP-2，YFP-3，YFP-5，YFP-2′，YFP-5′，YFP-2″的突变 PCR，循环条件如表 8-5 所示。

表 8-5　循环条件一览表

T/℃	t/min	循环次数
95	5	1
95	0.5	
72	6.5	25
72	10	1
4	hold	

对所有 YFP 突变体的基因序列都进行了 DNA 测序，该序列被证明是正确的。

为了制备 YFP-9，YFP-19 和 YFP-36，我们选择合成了两对互补的 DNA 链：

5′TCCCTCGGGGGTGGCGGTGGCGGTCTCGGGGGA3′；

5′TCCCCCGAGACCGCCACCGCCACCCCCGAGGGA3′和

5′TCCCTCGGGGGTGGCGGTGGCGGTGGCGGTGGCGGT GGCGGTGGCGGTCTCGGGGGA3′；

5′TCCCCCGAGACCGCCACCGCCACCGCCACCGCCACCG

CCACCGCCACCCCGAGGGA3′。

　　将这两对 DNA 链分别混合,并置于以下的 PCR 循环条件中退火,以保证其正确地互补配对,如表 8-6 所示。

表 8-6　PCR 循环条件一览表

T/℃	t/min
95	5
90	2
85	2
⋮	每步 2 min
5	2

　　退火之后得到的两组 dsDNA,还有 pQE80L - YFP145avaI146 经过 AvaI 酶切,然后经历 DNA 纯化,再通过连接反应得到 YFP - 9, YFP - 19 和 YFP - 36 突变蛋白的表达质粒。质粒最终经过 DNA 测序,验证构建的 DNA 的正确性。

　　为了将 F46L 突变引入 YFP 和 YFP - 3 中,只能使用引物:

　　5′GACCCTGAAGCTCATCTGCAC3′; 5′GTTGGTACCTTAAGATCTCTTGTACAGCTCGTCCATGCCG3′

　　首先,以 pQE80L - YFP 和 pQE80L - YFP - 3 分别为模板,进行一轮常规 PCR。PCR 条件如表 8-7 所示。

表 8-7　PCR 条件一览表

T/℃	t	循环次数
95	5 min	1
95	30 s	30
58	30 s	
72	45 s	

对获得的 PCR 产物进行电泳后,割胶回收,将纯化的 DNA 作为下一次突变 PCR 的产物。

突变 PCR 的条件如表 8-8 所示。

表 8-8 突变 PCR 条件一览表

T/℃	t/min	循环次数
95	5	1
95	0.5	25
72	6.5	
72	10	1
4	hold	

8.4 蛋白的表达和纯化

所有的质粒都转化到大肠杆菌 Top10 菌株当中,每个包含质粒的细菌都生长在含有 100 mg/L 氨苄西林抗生素 LB 培养基中,置于 37℃,225 r/min 转速培养到 600 nm 处的光学密度达到 0.6 时,加入终浓度为 1 mM 的异丙基-β-D-硫代吡喃半乳糖苷,继续表达蛋白 4~5 h,然后将细胞在 6 000 r/min 离心中收集,再用预冷的结合缓冲液(20 mM Na_3PO_4,500 mMNaCl, pH 7.4)悬浮细胞,并置于超声仪上,在 4℃下超声 10 min,细胞裂解液在 12 000 r/min 下离心 30 min,此时上清液呈现明显的荧光感,取上清液;利用标准的 Ni^{2+} 柱的纯化流程,把最后的蛋白洗脱放在洗脱缓冲液中(20 mMNa3PO4,500 mMNaCl,500 mM 咪唑,pH 7.4)处理;纯化好的蛋白置于缓冲液(200 mM Na2HPO4/NaH2PO4 pH7.2)中透析。

8.5 蛋白质对于 Cl^{-1} 敏感性的测量

所有蛋白质,包括原始 YFP 和 YFP 突变蛋白对于 Cl^{-1} 敏感性的测量都是放在 200 mM Na2HPO4/NaH2PO4 pH7.2 的缓冲液中进行的。蛋白质 522 nm 的发射光谱的强度被用作检测参数。NaCl 被作为 Cl^{-1} 的来源，并且在测量中，将所有蛋白的浓度都保持在 $0.1\,\mu M$。

8.6 蛋白质稳定性的测量

所有蛋白质，包括原始 YFP 和 YFP 突变蛋白对于 Cl^{-1} 敏感性的测量都是在 200 mM Na2HPO4/NaH2PO4 pH7.2 的缓冲液中进行的，蛋白质 522 nm 的发射光谱的强度被用作监测蛋白质解折叠检测参数。尿素是测量中使用的变性剂。

圆二色谱是用 JASCO CD 分光偏振仪测量的。蛋白质样品在测量之前先被透析到纯水当中。数据的采集是在一个光程长（path length）0.1 nm 的石英试池中，从 250 nm 扫描到 190 nm，测量的温度为室温，最后的测量数值取 5 次平均值，结果被表达为平均残基椭圆率（mean residue ellipticity θ_{MRE}）。具体的计算公式是 $\theta_{MRE} = (100\theta_{obs})/[dC(n-1)]$。其中，$\theta_{obs}$ 是观察到的椭圆率，d 是光程长，C 是蛋白质样品的浓度，n 是蛋白质样品的总体氨基酸残基个数。

8.7 测量结果与分析

之前的研究显示，在 YFP 中靠近荧光基团的位置有一个空腔，这个空腔里面可以结合一些离子，而且有的结合离子的蛋白的晶体结构已被解析出来了。有研究人员认为，这个空腔的存在很大程度上导致了 YFP 对 Cl^{-1} 的敏感性。所以，在后来的降低 YFP 对 Cl^{-1} 敏感性的工作中，一个很重要的进展是发现了 Q69M 突变，这个突变能够有效地降低 YFP 对 Cl^{-1} 的敏感性。分析者认为，在 69 位氨基酸突变为蛋氨酸之后，由于蛋氨酸巨大的体积，它的侧链有效地填充那个空腔，使得这个离子结合位点消失。因此，降低 YFP 对 Cl^{-1} 的敏感性，Q69M 突变是一个非常有效的突变。

在这章中，作者选择了包含 69M 和其他几个具有重要突变的 YFP，通过分别在这个 YFP 的 3 个不同的位置插入肽段的方法，进一步降低了 YFP

对 Cl^{-1} 的敏感性。

作者首先尝试在 YFP 最长的 loop 区域（对外源蛋白有非常好的容忍性）中插入一系列不同长度的多肽。表达出来之后，所有突变蛋白都是发出荧光的，因此突变蛋白仍然是正确折叠的。

在实验中，需要具体测量蛋白质在不同的 Cl^{-1} 浓度缓冲液中的荧光强度，然后再以数值拟合实验结果，通过拟合，得到蛋白对 Cl^{-1} 的解离常数 Kd（见图 8-1）。

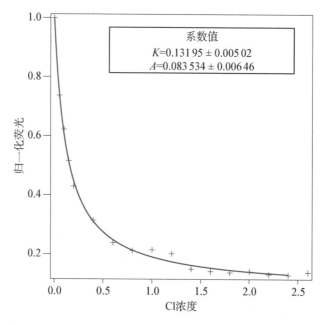

图 8-1 原始 YFP 荧光强度随 Cl^{-1} 浓度变化得到的蛋白和 Cl^{-1} 的结合常数 *Kd* 曲线

在蛋白质对这一系列的突变蛋白的 Cl^{-1} 敏感性作出表征之后，这些蛋白的 Kd 值就出来了，如图 8-2 所示。

在实验中可以看到，随着 YFP 的第 145 和第 146 位氨基酸之间插入的肽段的长度增加，蛋白对 Cl^{-1} 的结合常数有一个先上升再下降的过程，即蛋白对 Cl^{-1} 的敏感性是先下降，然后又上升了。蛋白对 Cl^{-1} 敏感性最低的时候是在插入 3 个甘氨酸的时候，这时，蛋白对 Cl^{-1} 的结合常数高达 0.900 3 M。

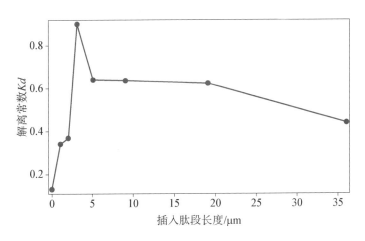

图 8-2　肽段所构成的突变蛋白与 Cl^{-1} 的结合常数 Kd 曲线

　　为了进一步确定这种在 loop 中插入肽段是否是一种普适的降低 YFP 对 Cl^{-1} 敏感性的方法,我们继而又选择在 YFP 的另外两个区域试验性地插入短肽,这两个区域分别是介于第 157 位和第 158 位氨基酸之间,以及第 172 位和第 173 位氨基酸之间(两个区域对于外源蛋白具有较好的容忍性)。但是,实验结果表明,在这两个位置插入外源肽段后得到的突变蛋白 YFP-2′,YFP-5′和 YFP-2″对 Cl^{-1} 敏感性的结合常数并没有得到明显的提升。研究表明,通过在 YFP 中插入外源肽段来达到降低 YFP 对 Cl^{-1} 敏感性目的,其插入位置是具有选择性的。在筛选的所有 YFP 突变体当中,在 YFP 的第 145 位和第 146 位氨基酸之间插入 3 个 Gly 的蛋白 YFP-3 是对 Cl^{-1} 敏感性最低的一个突变体,如表 8-9 所示。

表 8-9　YFP-3 对 Cl^{-1} 敏感性的实验结果表

蛋白	Cl^{-1} 敏感性的结合常数
YFP	0.131 9
YFP-2′	0.174 6
YFP-5′	0.160 9
YFP-2″	0.324 5

在蛋白的 loop 或者 turn 的区域插入外源的肽段虽然可以调节蛋白质的一些特性,但是由于这样的突变方式可能会使原本较为紧凑的蛋白结构变得相对松散,可能会降低蛋白质的热力学稳定性。由于要有效地将黄色荧光蛋白应用于细胞内的成像,蛋白质具有足够好的热力学稳定性是一大前提。因此,我们对蛋白质稳定性做了测试(见图 8-3)。测试中,所使用的变性剂避免了 GdmCl 的影响,这是由于 GdmCl 中具有 Cl^{-1} 敏感性,使用 GdmCl 作为变性剂来测量 YFP 稳定性所得到的结果会混合蛋白质稳定性和蛋白质对 Cl^{-1} 敏感性两方面的因素。所以,在这个测试中,使用尿素(urea)作为变性剂,测试时将 YFP 溶解于磷酸缓冲液中。在所有稳定性测试中所使用的溶液都不包含 Cl^{-1}。

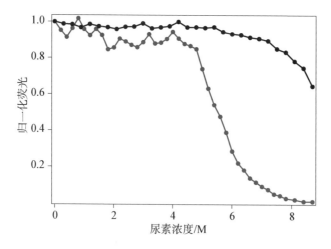

图 8-3 对 Cl^{-1} 敏感性最低的 YFP-3 和原始 YFP 的热力学稳定性曲线

在上图可以看到,虽然 YFP-3 的热力学稳定性比起原始的 YFP 有所降低,但是 YFP-3 还是具有很好的热力学稳定性的。

为了确定蛋白质对 Cl^{-1} 敏感性下降的主要因素,用远紫外圆二色谱对突变蛋白的结构进行了表征。

由图 8-4 可以看到,YFP-3 的结构相比 YFP 的结构并没有非常明显的改变,所以蛋白使 Cl^{-1} 的敏感性下降并不是因为某些明显的结构改变所造成的。

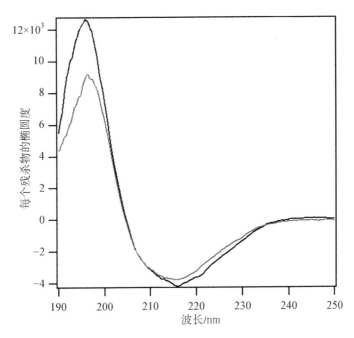

图 8 - 4　原始 YFP(黑色线条)和 YFP - 3(红色线条)的圆二色谱信号曲线

　　为了研究另一个对 Cl^{-} 敏感性显著下降的 venus 蛋白中的关键突变,F46L 是否能够降低我们的 YFP - 3 对 Cl^{-} 的敏感性,我们在 YFP 和 YFP - 3 中引入 F46L,然后我们分别对 YFPF46L 和 YFP - 3F46L 对于 Cl^{-} 敏感性影响作出表征,结果发现,在 YFP - 3 中引入 F46L 会进一步降低蛋白对 Cl^{-} 的敏感性,而且从其对 Cl^{-} 敏感性的 2.55 M 的结合常数判断,新的 YFP - 3F46L 蛋白是我们所做的突变筛选当中对 Cl^{-} 敏感性最低的突变。以上所有测量都是在中性 pH 值(pH7.2)环境下进行的。于是我们测量了蛋白在弱酸性(pH6.0)条件下对 Cl^{-} 敏感性影响的程度。由图 8 - 5 可见,在 pH6.0 的环境下,YFP - 3F46L 对 Cl^{-} 还是呈现出一定的敏感性。这表明,YFP - 3F46L 对 pH 并不能做到完全的脱敏。

　　在将 F46L 突变引入原始 YFP 和 YFP - 3 之后,得到新生成的蛋白 YFPF46L 和 YFP - 3F46L 的荧光和 Cl^{-} 浓度的关系曲线,其黑色和蓝色的曲线分别代表 YFPF46L 和 YFP145(3G)F46L,红色曲线是拟合出的曲线。可见,拟合出的突变蛋白 YFP - 3F46L 对于 Cl^{-} 的结合常数是

2.55 M。

实验及图 8-6 表明,在 pH6.0 的环境下,YFP-3F46L 和 Cl^{-1} 的结合常数大致为 0.43 M,因此能够有效地降低 YFP-3F46L 对 pH 的敏感性的影响,这是非常有意义的。

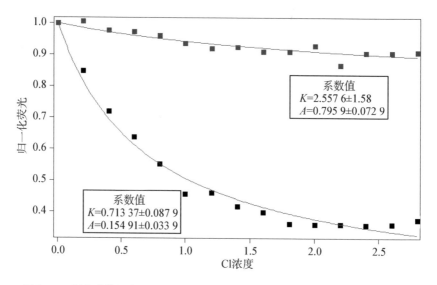

图 8-5 新生成的蛋白 YFPF46L 和 YFP-3F46L 的荧光和 Cl^{-1} 浓度的关系曲线

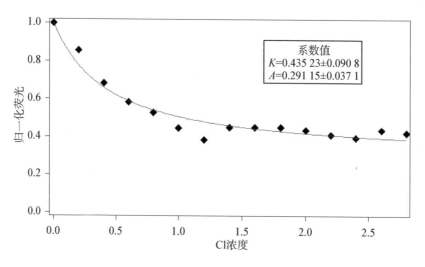

图 8-6 Cl^{-1} 呈现的敏感性示意图

8.8　讨论

T203Y 要实现突变得到 YFP 需要在得到了 GFP 晶体结构之后才能完成。然而,早期的 YFP 显示出了对环境因的敏感性,如 Cl^{-1} 和 pH 过度的敏感性。因此,基于 YFP 所构建的针对 Cl^{-1} 和 pH 的生物传感器出现了。但是,YFP 的这个特性对于简单地把 YFP 作为一个标记蛋白,或者荧光共振能量转移应用中的受体蛋白来使用的话,YFP 对于 Cl^{-1} 和 pH 过度的敏感性是一个缺点。所以,找到能够使得 YFP 对 Cl^{-1} 敏感性下降的突变就显得非常的重要,Q69M 突变就是在这种背景之下被发现的,蛋白氨酸庞大的侧链可以填充原本处于荧光基团附件的一个可供外界离子结合的空腔,从而有效降低了 YFPQ69M 对 Cl^{-1} 的敏感性。在本章实验中,用一个已经包含 Q69M 和另外几个重要突变的 YFP 作为模板,在这个 YFP 中的 3 个不同的区域插入外源肽段,研究发现,在 YFP 的第 145 位和第 146 位氨基酸之间插入肽段可以有效地进一步降低 YFP 对 Cl^{-1} 的敏感性。为了确定对 Cl^{-1} 敏感性最低的突变蛋白,我们选择性地在 YFP 的第 145 位和第 146 位氨基酸之间插入了一系列不同长度的多肽,来筛选出最优化的 YFP。经过多次筛选,发现在这个区域插入 3 个 gly 的 YFP-3 是对于 Cl^{-1} 敏感性最低的突变蛋白,以这个蛋白为基础,进一步表征了其他的性质,比如热力学稳定性和二级结构的变化特征。研究发现,这个蛋白依然保持了很高的热力学稳定性,所以 YFP-3 对于 Cl^{-1} 敏感性的下降,并没有使这个蛋白质太多的牺牲它的稳定性。特别考虑到,在一个蛋白质的 loop 区域插入外源多肽可能导致它的热力学稳定性下降,YFP-3 在降低 Cl^{-1} 敏感性的同时,其热力学稳定性还能较好地保持,是非常难得的。

最后,在 YFP-3 的基础上进一步引入了另外一个可能可以有效降低 Cl^{-1} 敏感性的突变 F46L,实验研究发现,F46L 突变蛋白能够进一步有效地降低 Cl^{-1} 的敏感性能。至此,我们首先采用 loop 插入短肽的相对随机筛选方式,然后在利用定点突变后,得到了对 Cl^{-1} 敏感性相比起原始 Q69M 突变体下降幅度最大的黄色荧光蛋白 YFP-3F46L。值得一提的是,在弱酸性环境中，YFP‐3F46L 对于 Cl^{-1} 仍然呈现出敏感性。进一步降低黄色荧光蛋白在弱酸性环境下的 Cl^{-1} 敏感性将是未来进一步研究的方向。这个新型的黄色荧光蛋白在一系列重要的应用中发挥更大的作用。

第 9 章

新型荧光蛋白的构建

9.1 荧光蛋白荧光强度的调控

如果我们能够运用环境因素或者外源分子对 GFP 的荧光强度进行调节是非常有意义的。正如在第 7、8 章中所提到的,GFP 的荧光强度和 beta 桶的结构完整性有着非常密切的关系。所以,如果可以找到一种途径能够调节 GFP 的桶状结构的完整性,那么我们就能够间接地调控 GFP 的荧光强度。

在实验中,作者尝试利用一组亮氨酸拉链 CCE/CCK 来调控 GFP 的 beta 桶的完整性。实验的思路是分别将 CCE/CCK 插入 GFP 中连接第 6 个和第 7 个 beta 片的 loop 区,构成 eGFP145(CCE/CCK),另外的插入位点是 GFP,连接第 7 个和第 8 个 beta 片的 turn 区域,构成 eGFP157(CCE/CCK),由于仅一条拉链存在时,它的构象是相对无规则的,所以当 eGFP145(CCE/CCK)和 eGFP158(CCE/CCK)被表达出来时,蛋白是可以正确折叠的,并能发出荧光。

但是,当我们在这个体系中加入 CCK/CCE 之后,CCE - CCK 能够形成一个反平行的 α 螺旋结构,这个结构的形成会使得 CCE/CCK 的 N,C 端末端距相比起无规则结构时大为增加。理论上,此时 CCE/CCK 的 N,C 末端距离将能够使得 GFP 的桶状结构被部分地解折叠,从而造成 GFP 荧光强度的下降。

实验当中,分别构建了 eGFP145(CCE)和 eGFP158(CCK)。另外,还将 CCE/CCK 分别融合在 GB1 的 C 端进行表达。

为了验证 GB1 - CCK 和 GB1 - CCE 是否能够部分猝灭蛋白 eGFP145 (CCE)和 eGFP158(CCK)的荧光,分别在 eGFP145(CCE)和 eGFP158 (CCK)中加入不同终摩尔比的 GB1 - CCK 和 GB1 - CCE,将发生如下蛋白 荧光强度的变化:

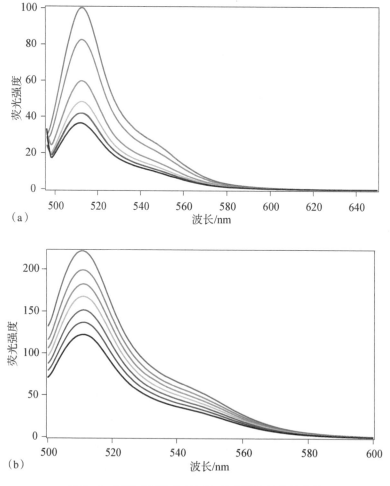

图 9 - 1 不同终摩尔比的蛋白荧光强度的变化曲线

(a)摩尔比 GB1 - CCK;(b)摩尔比 GB1 - CCE

如上图所示,(a)在 eGFP145(CCE)中加入不同量的 GB1 - CCK,不同颜色的线条分别代表 GB1 - CCK/eGFP145(CCE)的摩尔比为 0(红色),1(橙色),2(绿色),3(青色),4(蓝色),5(紫色)和 6(黑色)。(b)在 eGFP158(CCK)中加入不同量的 GB1 - CCE,不同颜色的线条分别代表 GB1 - CCE/eGFP158(CCK)的摩尔比为 0(红色),1(橙色),2(绿色),3(青色),4(蓝色),5(紫色)和 6(黑色)。

当在 eGFP 连接第 6 个和第 7 个 beta 片的 loop 区域插入 CCE 之后,如图 9 - 1(a)所示,在 eGFP145(CCE)中出现了明显的荧光,可见这个蛋白的确仍然可以正确折叠。在加入等摩尔量的 GB1 - CCK 之后,蛋白的荧光有了一个非常明显的下降。随着 GB1 - CCK 与 eGFP145(CCE)摩尔比的增加,eGFP145(CCE)的荧光强度会继续有所下降,最终在 GB1 - CCK/eGFP145(CCE)的摩尔比为 6 的时候,荧光强度已经不及初始荧光强度的一半。

对于在 GFP 连接的第 7 个和第 8 个 beta 片的 turn 区域插入 CCK 所构成的 eGFP158(CCK)来说,蛋白质在表达出来之后,同样能够形成正确的空间结构,发出荧光。在蛋白中加入等摩尔量的 GB1 - CCE 之后,eGFP158(CCK)的荧光有了 10%左右的下降,随着 GB1 - CCE 的进一步增加,蛋白的荧光会继续有所下降,最终,在 GB1 - CCE/eGFP158(CCK)的摩尔比达到 6 的时候,蛋白的荧光会下降 40%左右。

实验结果表明,随着 CCK 和 CCE 反平行亮氨酸拉链的构成,GFP 的 beta 桶结构的确被慢慢地撑开了。这使得外界的水分子和其他溶剂分子能够进入 beta 桶并攻击荧光基团,使得其荧光猝灭。但就调控的效果来看,GFP 的荧光基团对连接第 6 个和第 7 个 beta 片的 loop 区域使之被撑开更为敏感。

在对于这个体系进行更为精细的刻画之后,有可能将其构造为亮氨酸拉链所介导来调控 GFP 的荧光强度,并应用于超精细成像研究中。

9.2　新型荧光蛋白的构建

FRET 传感器当中由两个独立的荧光蛋白质所构成的复合荧光蛋白质对

传统的单荧光蛋白来说是一种拓展。FRET 传感器当中两个荧光蛋白质可以提供一个比率式的测量(ratiometric measurement)。这对于单荧光蛋白通常所能够提供的基于强度的测量相比,在很多情况下,是一种更好的测量模式。

在这个研究工作当中,我们初始的愿望是构建一个新型的荧光蛋白,在这个荧光蛋白当中仅包含一个单一的荧光基团,但是这个单一的荧光基团在蛋白质不同的折叠模式下,将能够发出不同的荧光光谱。即利用单一荧光基团的荧光蛋白就可以提供 FRET 中两个独立荧光基团所能够提供的比率式测量。

由图 9-2 可知,这个荧光蛋白质主要由 3 段构成,左边的两端能够形成一个序列循环的绿色荧光蛋白(circular permutated green fluorescent protein, cpGFP),而右边的两段可以形成 YFP。为此,设计一个新型的荧光蛋白质,这个荧光蛋白仅仅包含一个荧光基团,在成熟的折叠状态下,这个蛋白包含两种不同的折叠模式,在这两种不同的折叠模式下,荧光蛋白会发出不同波长的荧光。蛋白质的构型如图 9-2 所示。我们将这个蛋白命名为 AFFFP(alternative frame folded fluorescent protein)。

图 9-2　新型荧光蛋白的一维序列示意图

这个蛋白质由 3 段构成,最左边和最右边的区域会竞争性地和中间的区域相折叠。如果这个蛋白的折叠模式同左边的两个区域相折叠的话,那么荧光蛋白整体的折叠构象将如图 9-3(a)所示,此时蛋白将发出绿色的荧光。如果这个蛋白的折叠模式同右边的两个区域相折叠的话,那么荧光蛋白整体的折叠构象将如图 9-3(b)所示,此时蛋白将发出黄色的荧光。

AFFFP 的折叠模式是 cpGFP 和 YFP 共存的模式,这样,它的荧光颜色一般会介于 cpGFP 的绿色和 YFP 的黄色之间,但在这个蛋白被表达出来之后,作者很惊讶地得到一个新的发现:它的荧光颜色是 cpGFP 的绿色,即是一种新的荧光蛋白。

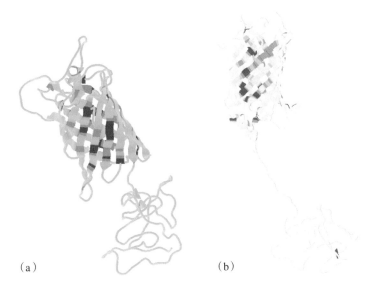

（a）　　　　　　　　　　　（b）

图 9‑3　新型的荧光蛋白质的折叠模式

（a）蛋白折叠形成 cpGFP 后发出的绿色荧光；（b）蛋白折叠形成 YFP 后发出的黄色荧光

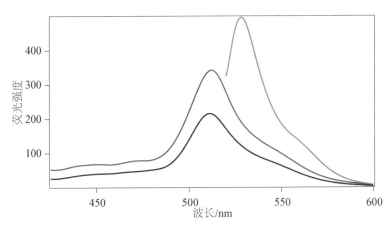

图 9‑4　cpGFP，YFP 和 AFFFP 的荧光曲线

由此得到结论：AFFFP 在被表达出来之后主要呈现出的是 cpGFP 的折叠模式。

9.3　新型基因编码的红色荧光铜传感器家族的构建

由于光谱为橙色到红色光窗口的铜荧光生物传感器,具有较低的毒性,较高的光学穿透率,更适合活体生物的应用。因此,我们将红色荧光蛋白克隆到铜上形成结合蛋白 Amt1,构建了一组铜红色荧光蛋白生物传感器。

因为 Amt1 的晶体结构尚不清楚,我们对 Amt1 结构进行了建模计算,插入位置是根据 Amt1 结构选择的,即在残基 18 和 19 之间、残基 41 与 42 之间、残基 59 与 60 之间,得到的传感器称为 AR-n,其中 n 是 RFP 插入 Amt1 的位置。

在生物学中,Ca(II)、Zn(II)、Mg(II)等金属离子往往具有更高的浓度。为了评估 AR-n 传感器对这组金属离子的免疫力,对 AR-n 传感器与 100 等量的这些金属离子进行了孵育。传感器的荧光响应仍然相当好,即使这些与生理相关的金属离子的数量过量(见图 9-5)。其中,AR-18 和 AR-59 显示出响应不到 10% 的荧光强度变化测试离子,AR-41 响应略高于 Mg(II),荧光变化只有很小的响应。这些结果均可证明这些传感器的可靠性、特异性和选择性。

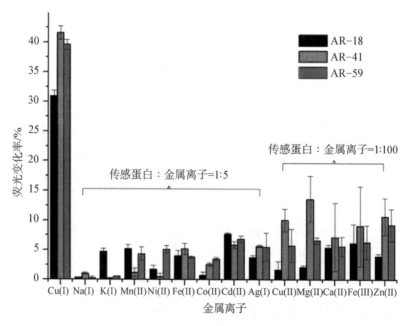

图 9-5 AR-n 系列铜(I)传感器的特异性示意图

　　实验在 $1\,\mu M$ 传感器的条件下进行,分别带有 $5\,M$ 或 $100\,\mu M$ 的不同金属离子。当铜与传感器的摩尔比为 5 时,传感器的荧光也会发生变化。图 9-5 中误差条是由两个独立的测量结果产生的。

　　本节创建了一个基因编码的红色荧光铜传感器家族,用于体内铜成像。这些传感器的光谱比以往的绿色荧光蛋白生物传感器和铜的黄色荧光蛋白生物传感器有明显的优势。

第 10 章

结论与展望

结论

    绿色荧光蛋白(green fluorescent protein, GFP)作为一个具有独特光学性质的可基因编码的生物分子,在生命科学中有着非常重要的应用,尤其是基于 GFP 及其突变蛋白所构建的一系列生物传感器,可应用于生命体内实时的观测,为人们探究生命过程提供了十分宝贵的信息。尽管如此,GFP 对于人们进一步认识和观测生命过程仍然具有远大的前景。

    本研究研制并且构建了一个基于 GFP 的能够对体内一价铜离子进行探测的生物传感器。研制和构建这个传感器的思路是,将一个亚铜离子结合蛋白特异性放到一个单一的荧光蛋白的内部。荧光蛋白被亚铜离子结合蛋白在序列上一分为二,当没有亚铜离子存在的时候,亚铜离子结合蛋白处于无规则卷曲状态,荧光蛋白能够很好地折叠,发出荧光。但当亚铜离子存在的时候,中间插入的蛋白变得有序,它的折叠会引起荧光蛋白的解折叠,从而引发荧光的猝灭。该传感器蛋白能够在较低的亚铜离子浓度下($<$ 1 μmol)就有荧光响应,荧光强度的变化在 50% 以上,同时能较好地克服锌离子的干扰,对其他常见离子均无明显响应。若次传感器蛋白在哺乳动物细胞内表达,可以得到关于细胞内一价铜离子分布和浓度实时涨落的信息。

    本研究还利用在 GFP 突变体黄色荧光蛋白(Yellow Fluorescent

Protein，YFP)的 loop 区域插入外源短肽的方法,降低了 YFP 对 Cl^{-1} 的敏感性。由于 YFP 中荧光基团的氨基酸残基和邻近氨基酸残基之间 π-π 键的形成所造成的荧光基团周围电荷分别发生变化,YFP 对 Cl^{-1} 有着特别的敏感性,YFP 的这个特性在一些非常重要的应用中(例如 FRET 传感器)是非常不利的。所以,能够有效地降低黄色荧光蛋白对 Cl^{-1} 的敏感性,一直以来都是很多科学家所努力的方向。

有研究发现,YFP 中的 Q69M 和其他一些突变可以降低 YFP 对 Cl^{-1} 的敏感性。我们的研究不仅证明了这些突变的有效性,而且在这些突变的基础上,取得了新的进展,我们在 YFP 的 3 个不同的区域插入了一系列不同长度的外源肽段,在这一系列突变蛋白的基础上,筛选出了对 Cl^{-1} 敏感性最低的蛋白质。通过对突变蛋白和原始蛋白圆二色谱数据的研究发现,突变蛋白的二级结构并无明显改变,这就可推测出蛋白对 Cl^{-1} 敏感性的下降可能源于蛋白内部某些局部环境的变化。并且,对于突变蛋白稳定性的测量显示,突变后的蛋白对 Cl^{-1} 的敏感性的降低并没有过多的牺牲蛋白的热力学稳定性,突变体仍然保持了非常高的热力学稳定性。我们认为,这个突变 YFP 在细胞内的成像应用中会有更好的表现,特别是在 FRET 传感器构建中,将会是青色荧光蛋白(Cyan Fluorescent Protein，CFP)成为更稳定的受体蛋白。

10.2　展望

展望未来,科学家认为荧光蛋白最有发展前途的应用是在超精细成像(super-resolution imaging)方面。众所周知,传统的光学显微镜的最高分辨距离不会高于 200 nm。近年来,科学家发展了新的远场超精细成像技术,这些技术的发展突破了传统的成像分辨极限,使得更为精细的探究生命体内生命过程成为可能。在超精细成像中所应用的荧光蛋白可分为 3 类:①非可逆性激发的荧光蛋白(photoactivatable FPs，PA-FPs)。这类蛋白的荧光可以被特定波长的光线所开启。②非可逆性荧光转移荧光蛋白(photoswitchable FPs，PS-FPs)。这类蛋白的发射波长可以在被某个特定波长的光照射之后，非可逆性地转移到一个新的发射波长上。③可逆性激发的荧光蛋白（reversibly switchable FPs，rsFPs）。超精细成像本身的发展离不开这3类荧光蛋白质的发展。科研人员希望能够构建出荧光调控特性更加出色的荧光蛋白质，从而让人们更好地理解生命过程和生命现象。

同时，荧光蛋白在发育生物学和神经生物学等各方面都有越来越多的应用，荧光蛋白将人类带到了一个完全不同的世界。它可以稳定地转染肿瘤细胞，用不同颜色的荧光蛋白标记肿瘤细胞，能方便地研究细胞质—细胞核动力学，故未来荧光蛋白将可以用于人类癌症诊断和治疗。

黄色荧光蛋白的种群中积累了变异隐性的遗传变异，可以促进进化种群的适应性，阐明潜在的遗传机制。提高蛋白质的可折叠性，可以揭示新的功能化突变，所揭示的突变增强了适应性和进化能力，有待于进一步发展进化论。利用蛋白质特异的荧光标记，有望在全脑范围内实现纳米分辨率。特异的荧光标记可用于识别染色体结构，揭示遗传机理。通过绿色荧光蛋白的重组，揭示脑印记之间的结构和功能连通性的增强关系，解释脑记忆形成机制。通过研究蛋白荧光的变化，解释肌动蛋白聚合速率及密度的分布，在稳定细胞极化及迁移的同时，利用逆转蛋白质聚集对细胞的迁移发展至关重要。G蛋白偶联受体的脱敏作用反馈可控制受细菌感染的器官而形成群落，抑制细菌感染扩展。

基于免疫荧光分析，发现已感染冠状病毒患者受体结合域抗体滴度的刺突蛋白显著下降，为呼吸道疾病的治疗开拓新的视野。

物理数学原理融合于生命源蛋白质是未来发展的广阔领域。利用物理原理降低蛋白质浓度中的噪声，在生物学中可发挥重要的作用。使用单分子原位荧光杂交测量编码转录关键基因，研究生命动态随机过程如何产生和支持组织的健壮和体内平衡。荧光传感器可研究生命的内源性阶段性行为，揭示皮肤病变机制，并有望早期诊断出多种形式的疾病。用荧光共振能量转移信号可实时监测体内生长素浓度及分布并进行可视化，进一步诠释生命过程。通过将荧光蛋白进一步推向红色，科学家们正在扩大生物成像的调色板和渗透深度。基于综合细胞的转录和蛋白质组学描述细胞不断改变的动态特性，诠释生命体病变机理。基于物理方法描述细胞群的动态多样性,挑战必须使用生物模型和体外实验才能进行大脑测试的局限性,得到大脑复杂结构详细分子图谱,拟扩展未来的实验。利用质谱分析、聚焦活细胞成像和大数据完成后基因组时代的核心目标——阐明人体细胞的线路图,全面揭示生命体基本单元蛋白质细胞的组构、生长、迁移和变化,进一步提高人类的健康水平和寿命。

参考文献

［1］ Brian J N, Eric V. Sirtuins: Sir2-related NAD-dependent protein deacetylases ［J］. Genome Biology, 2004,5(5): 224.

［2］ Zhang Y J, Lin G, Patrick K, et al. Heterochromatin anomalies and double-stranded RNA accumulation underlie C9orf72 poly(PR) toxicity ［J］. Science, 2019(2):707.

［3］ Jung J H, Antonio B, Stephanie H, et al. A prion-like domain in ELF3 functions as a thermosensor in Arabidopsis ［J］. Nature, 2020,585(10):256 – 260.

［4］ Kristina S S, Marc d G, Luca C, et al. Patterning and growth control in vivo by an engineered GFP gradient ［J］. Science, 2020,370(10):321 – 327.

［5］ Hutchinson E G, Thornton J M. "The Greek key motif: extraction, classification and analysis ［J］. Protein Engineering 1993,6(3):233 – 245.

［6］ Gainza P, Roberts K E. Protein design using continuous rotamers ［J］. PLoS Comput Biol, 2012,8(1):e1002335.

［7］ Tsien R Y. The Green Fluorescent Protein ［J］. Annual Review of Biochemistry, 1998,67(1):509 – 544.

［8］ Heim R, Tsien R Y. Engineering green fluorescent protein for improved brightness, longer wavelengths and fluorescence resonance energy transfer ［J］. Current Biology, 1996,6(2):178 – 182.

［9］ Newman R H, Zhang J. Visualization of phosphatase activity in living cells with a FRET-based calcineurin activity sensor ［J］. Molecular BioSystems, 2008,4(6): 496 – 501.

［10］ Dimitrov D, He Y. Engineering and Characterization of an Enhanced Fluorescent Protein Voltage Sensor ［J］. PLoS ONE, 2007,2(5):e440.

［11］ Tsutsui H, Karasawa S. Improving membrane voltage measurements using FRET with new fluorescent proteins ［J］. Nature Methods, 2008,5(8):683 – 685.

［12］ Okumoto S, Takanaga H. Quantitative imaging for discovery and assembly of the metabo-regulome ［J］. New Phytologist, 2008,180(2):271 – 295.

［13］ Newman R H, Fosbrink M D. Genetically Encodable Fluorescent Biosensors for Tracking Signaling Dynamics in Living Cells ［J］. Chemical Reviews, 2011,111(5): 3614 – 3666.

［14］ Peng Q, Li H. Direct Observation of Tug-of-War during the Folding of a Mutually

Exclusive Protein [J]. Journal of the American Chemical Society, 2009,131(37): 13347 - 13354.

[15] Choi B, Zocchi G. Mimicking cAMP-Dependent Allosteric Control of Protein Kinase A through Mechanical Tension [J]. Journal of the American Chemical Society, 2006,128(26):8541 - 8548.

[16] Hsu S T, Blaser D G. The folding, stability and conformational dynamics of [small beta]-barrel fluorescent proteins [J]. Chemical Society Reviews, 2009,38(10): 2951 - 2965.

[17] Markova O, Mukhtarov M. Genetically encoded chloride indicator with improved sensitivity [J]. Journal of Neuroscience Methods, 2008,170(1):67 - 76.

[18] Shaner N C, Steinbach P A. A guide to choosing fluorescent proteins [J]. Nature Methods, 2005,2(12):905 - 909.

[19] Griesbeck O, Baird G S. Reducing the Environmental Sensitivity of Yellow Fluorescent Protein [J]. Journal of Biological Chemistry, 2001, 276 (31): 29188 - 29194.

[20] Wachter R M, Yarbrough D. Crystallographic and energetic analysis of binding of selected anions to the yellow variants of green fluorescent protein [J]. Journal of Molecular Biology, 2000,301(1):157 - 171.

[21] Zheng J, Payne J L, Wagner A, et al. Cryptic genetic variation accelerates evolution by opening access to diverse adaptive peaks [J]. Science, 2019(365):347 - 353.

[22] Gao R X, Asano S M. Cortical column and whole-brain imaging with molecular contrast and nanoscale resolution [J]. Science, 2019(3):245.

[23] Takei Y, Yun J, Zheng S W, et al. Integrated spatial genomics reveals global architecture of single nucle [J]. Nature, 2021,590(2):344 - 350.

[24] Choi J H, Sim S E, Kim J, et al. Interregional synaptic maps among engram cells underlie memory formation [J]. Science, 2018,360(4):430 - 435.

[25] Bisaria A, Hayer A, Garbett D, et al. Membrane proximal F-actin restricts local membrane protrusions and directs cell migration [J]. Science, 2020,368(6496): 1205 - 1210.

[26] Avellaneda M J, Franke K B, Sunderlikova V, et al. Processive extrusion of polypeptide loops by a Hsp100 disaggregase [J]. Nature, 2020, 578 13 (2): 317 - 320.

[27] Kienle K, Glaser K M, Eickhoff S, et al. Neutrophils self-limit swarming to contain bacterial growth in vivo [J]. Science, 2021,372(6548):1303.

[28] Gaebler C, Wang Z J, Julio C C, et al. Lorenzi, Evolution of antibody immunity to SARS - CoV - 2 [J]. Nature, 2021,591,25(3):639 - 644.

[29] Klosin A, tsch F, Harmon T, et al. Phase separation provides a mechanism to reduce noise in cells [J]. Science, 2020(367):464 - 468.

[30] Justin C W, Sella Y, Willcockson M, et al. Single-molecule imaging of transcription dynamics in somatic stem cells [J]. Nature, 2020,583(7):431 - 436.

[31] Benjamin S M, Bezinge L, Harriet D G, et al. Spin-enhanced nanodiamond biosensing for ultrasensitive diagnostics [J]. Nature, 2020,587(26):588 - 593.

[32] Ole H S, Andre C S, Kolb M, et al. A biosensor for the direct visualization of auxin [J]. Nature, 2021,29(4):768 - 772.

[33] Dance A. The hunt for red fluorescent proteins [J]. Nature, 2021,596(7870):152 - 153.

[34] Crainiciuc G, Migue P S, Miguel M M, et al. Behavioural immune landscapes of inflammation [J]. Nature, 2022(601):415 - 421.

[35] Bhaduri A, Carmen S E, Marcos O G, et al. An atlas of cortical arealization identifies dynamic molecular signatures [J]. Nature, 2021(10):1038.

[36] Cho N H, Cheveralls K C, Brunner A D, et al. OpenCell: Endogenous tagging for the cartography of human cellular organization [J]. Science, 2022,375(6585):1143.

索 引